Duden

Übungsheft **Mathematik**

von Kim Wagner
mit Illustrationen von Stefan Leuchtenberg

1. Klasse

Dudenverlag
Berlin

Vorwort

Liebe Kinder, liebe Eltern,

darf ich mich vorstellen? Mein Name ist Konrad und meine Katze heißt Mia. Ich rechne für mein Leben gern.

Ich habe gemerkt, dass man in der Schule viele Dinge lernt, aber manchmal die Zeit fehlt, um das Gelernte zu üben.

Zusammen mit meiner Freundin Frieda und meinem Freund Alex habe ich einen Trainingsplan aufgestellt, der immer nach dem gleichen Prinzip funktioniert – in vier Trainingseinheiten:

Aufwärmen mit Mia
Indem du wiederholst, was du eigentlich schon weißt, festigst du deine Grundlagen zum Thema.

Taktik mit Konrad
Hier geht es darum, das Mathethema zu verstehen. Rechenstrategien helfen dir beim Üben.

Ausdauertraining mit Frieda
Hier bearbeitest du gemischte Aufgaben. Mit jeder Aufgabe gewinnst du mehr Sicherheit.

Nachspielzeit mit Alex
Hier gibt es eine Extraportion Aufgaben. Wenn du auch diese Aufgaben lösen kannst, bist du ein echter Profi.

In den **vier Trainingseinheiten** gibt es jede Menge Übungen für dich. Die Schritte sind immer gleich:

1. Lies die Aufgabe gründlich und versuche sie zu lösen.
2. Male dem **Smiley** an der Seite ein Gesicht – je nachdem, ob die Übung für dich leicht ☺, mittelschwer 😐 oder schwierig ☹ war.
3. Vergleiche deine Lösungen mit den **Lösungen im Mittelteil.** Wenn es mehrere Möglichkeiten gibt, geben wir keine Lösung vor.

Jede Trainingseinheit hat ihre eigene **Sammelkarte.** Auf der Rückseite kannst du dir die **Daumen-hoch-Sticker** aufkleben, sobald eine Übungsseite fertig ist. Für die Nachspielzeit gibt es eine Sonderkarte, die du auf der Rückseite selbst gestalten kannst – beispielsweise um ein Foto von dir aufzukleben.

Ausdauertraining mit Frieda

1. Nomen
10 11 12 13
2. Artikel
20 21 22
3. Adjektive
28 29 30 31
4. Verben
38 39 40 41
5. Wörter bilden
48 49 50 51
6. Wortfamilien
58 59 60
7. Sammelnamen und Wortfelder
66 67 68
8. Satzarten unterscheiden
74 75 76 77

← Sticker auf die Seitenzahl

Frieda, Alex, Mia und ich freuen uns, dich schon bald im „Konrad-Team“ zu begrüßen. Wir wünschen dir viel Spaß beim Üben und Trainieren!

Dein Konrad

Inhaltsverzeichnis

Unsere Ziffern

1 Spure die Ziffern mehrmals nach.
Wähle immer 5 Farben für jede Ziffer.

2 **Spure nun diese Ziffern nach.**
Wähle wieder 5 Farben für jede Ziffer.

Unsere Ziffern

1 Spure die Ziffern nach.

1 2 3

4 5

6 7 8

9 0

2 Finde die Ziffern. Spure nach.

0: 1: 2: 3: 4:

5: 6: 7: 8: 9:

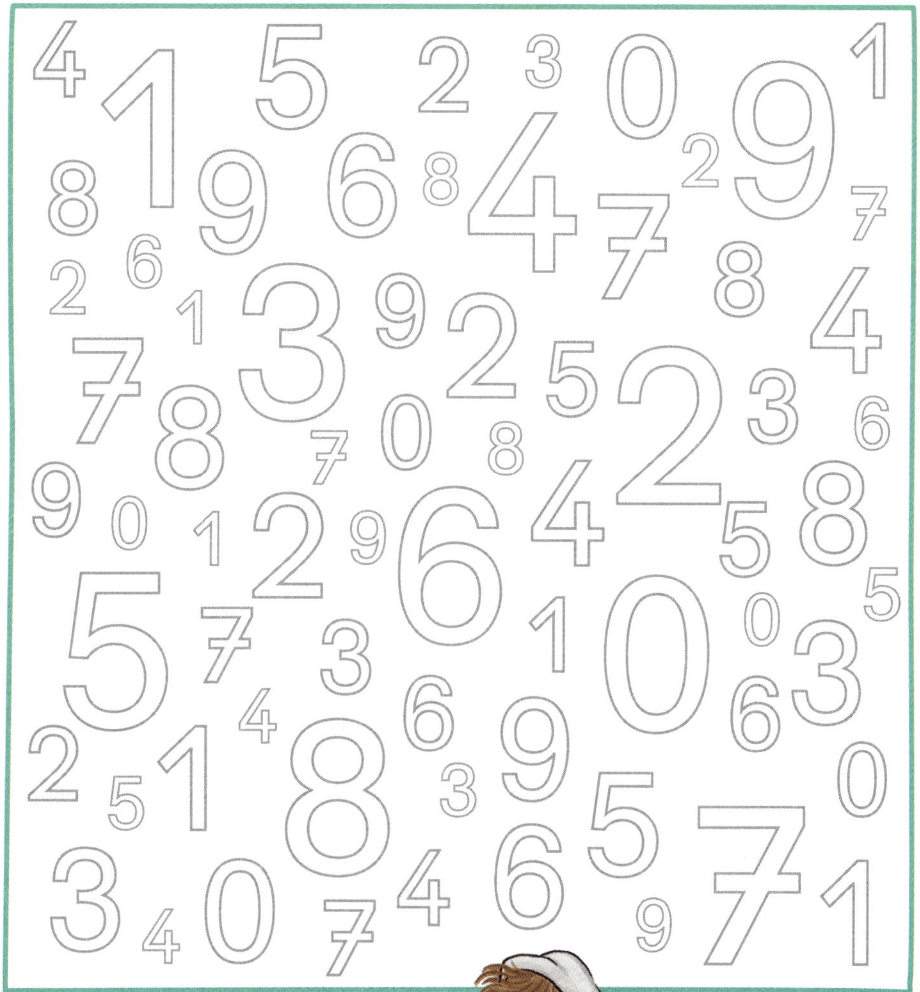

1 **Schreibe die Ziffern in die Kästchen.**

1 1

1

1

2 2

2

2

2 **Finde die Ziffern 1 und 2. Kreise sie ein.**

6 7 2 9 3 2 9 4 4 0

1 5 6 3 2 0 7 5 1 8

0 4 7 5 8 6 1 8 9 3

3 Schreibe die Ziffern in die Kästchen.

3 3

3

3

4 4

4

4

4 Finde die Ziffern 3 und 4. Kreise sie ein.

6 7 2 9 3 2 9 4 4 0
1 5 6 3 2 0 7 5 1 8
0 4 7 5 8 6 1 8 9 3

5 **Schreibe die Ziffern in die Kästchen.**

5	5										
5											
5											
6	6										
6											
6											

6 **Finde die Ziffern 5 und 6. Kreise sie ein.**

6 7 2 9 3 2 9 4 4 0
1 5 6 3 2 0 7 5 1 8
0 4 7 5 8 6 1 8 9 3

7 **Schreibe die Ziffern in die Kästchen.**

7 7

7

7

8 8

8

8

8 **Finde die Ziffern 7 und 8. Kreise sie ein.**

6 7 2 9 3 2 9 4 4 0
1 5 6 3 2 0 7 5 1 8
0 4 7 5 8 6 1 8 9 3

9 **Schreibe die Ziffern in die Kästchen.**

9 9

9

9

0 0

0

0

10 **Finde die Ziffern 9 und 0. Kreise sie ein.**

6 7 2 9 3 2 9 4 4 0

1 5 6 3 2 0 7 5 1 8

0 4 7 5 8 6 1 8 9 3

1 Schreibe die Ziffern.

1										
2										
3										
4										
5										
6										
7										
8										
9										
0										

2 Verbinde die Zahlen der Reihe nach.

Formen und Muster

1 **Male die Formen an.**

2 Male an und zähle.

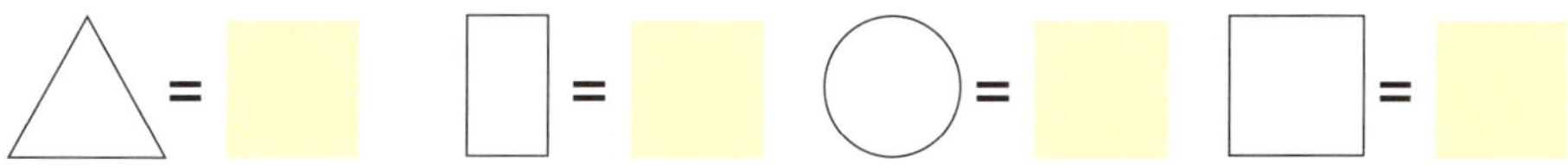

1 Zeichne die Formen nach. Setze die Muster fort.

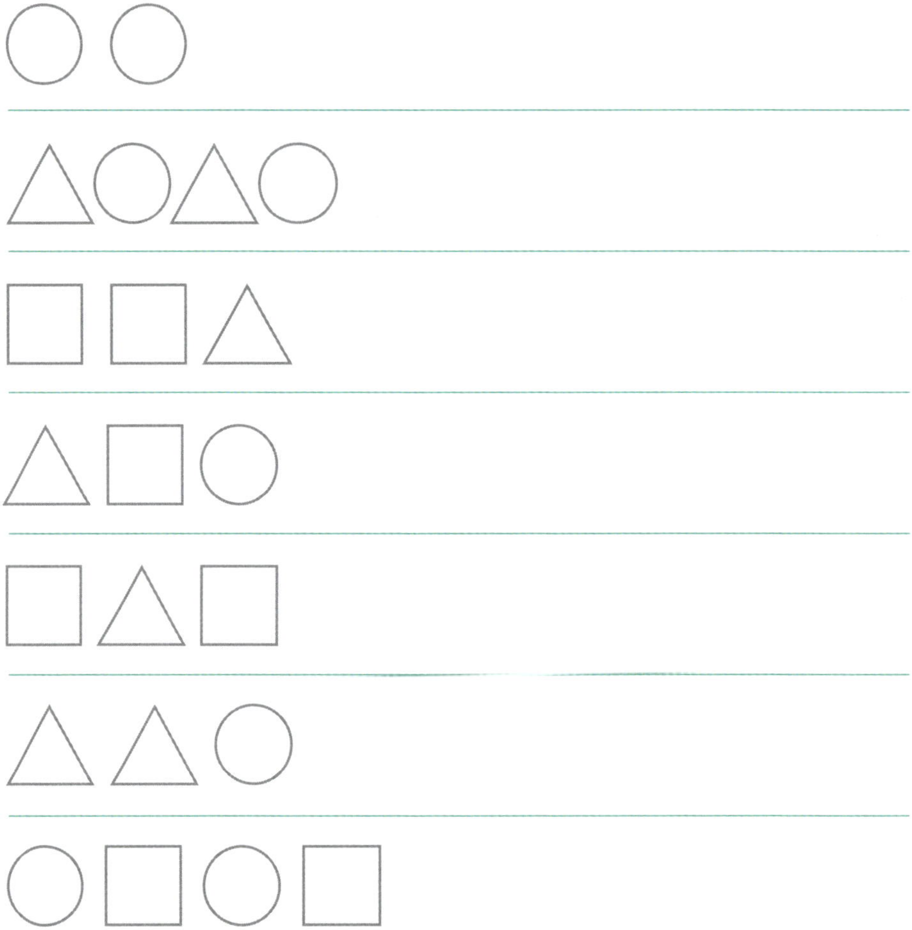

2 Setze die Muster fort.

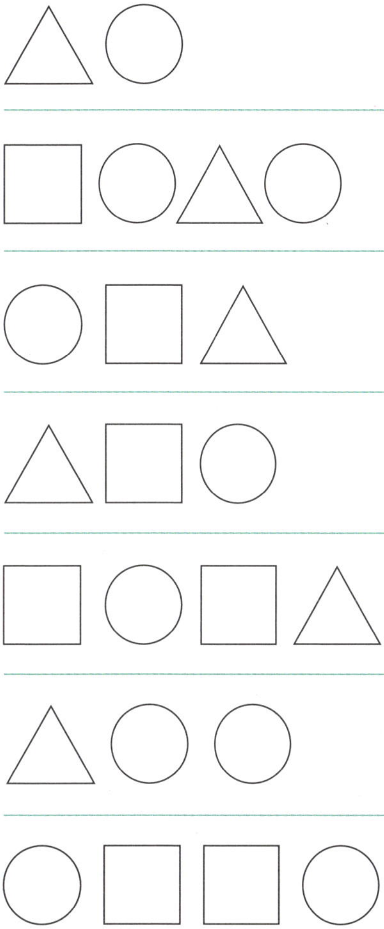

1 Finde die Formen. Male an.

2 Setze die Muster fort.

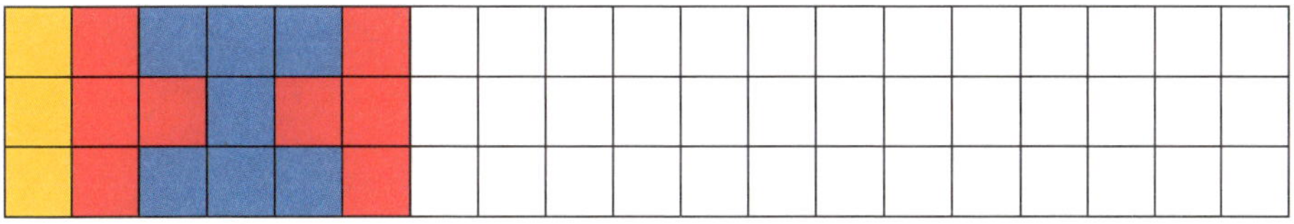

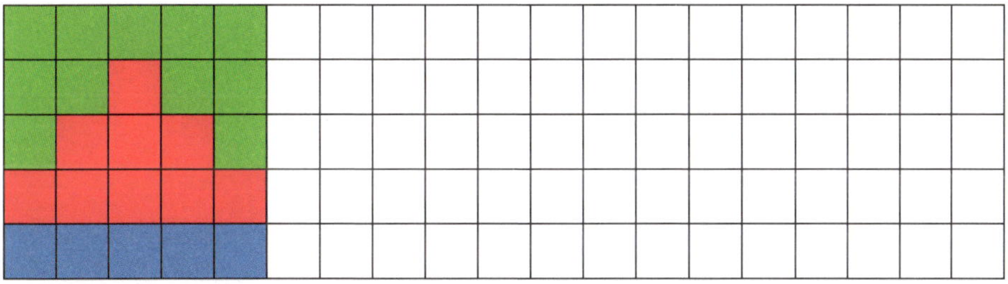

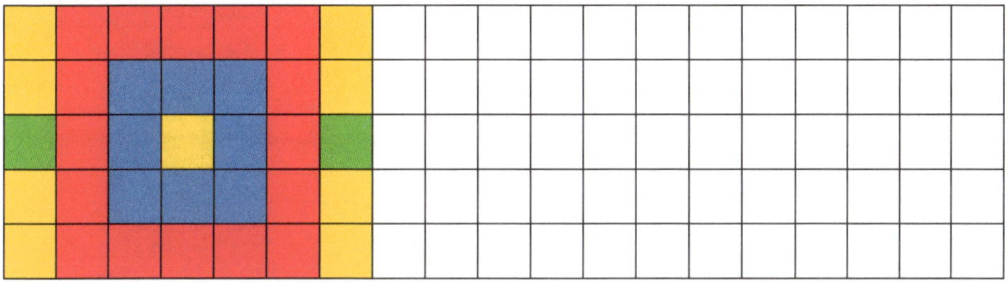

Male nun selbst ein Muster. Setze das Muster dann fort.

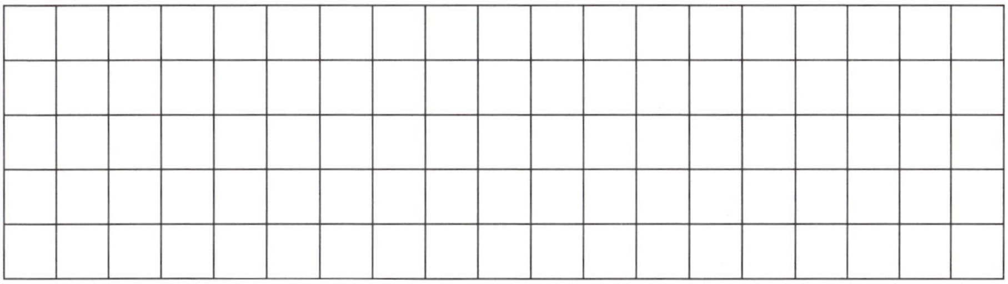

1 **Was fehlt? Zeichne die Form.**

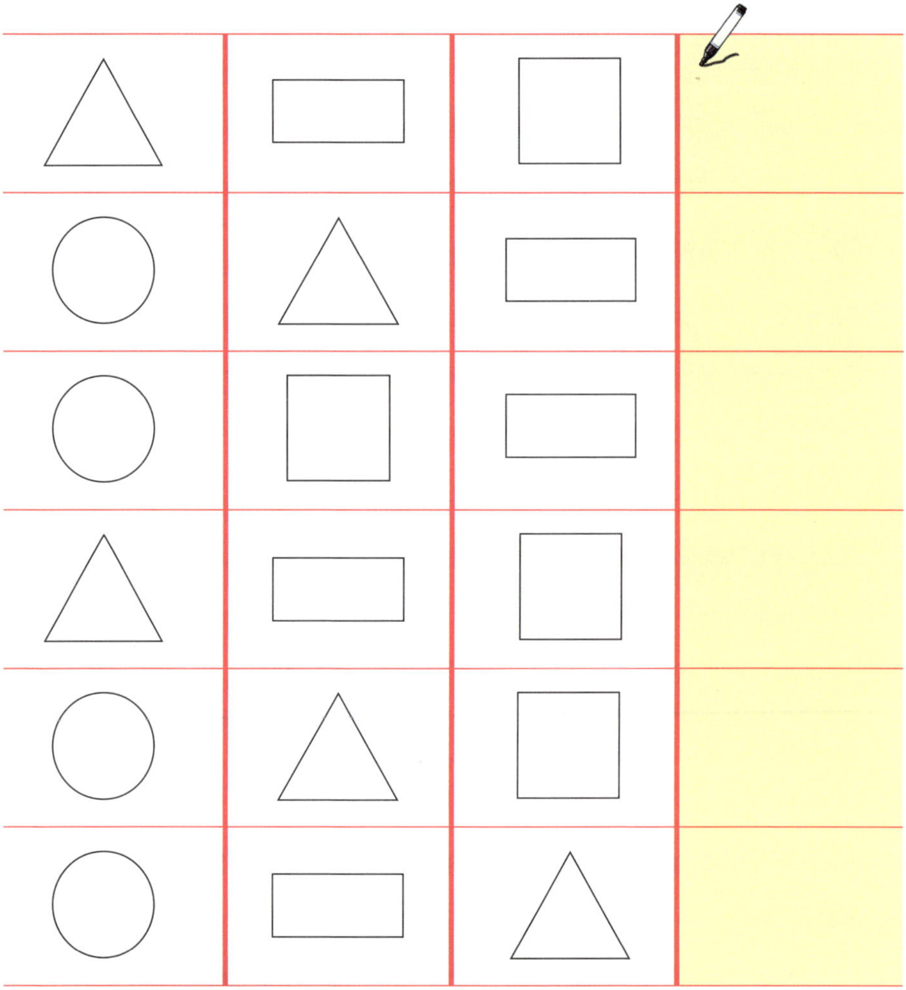

2 Was passt nicht? Streiche durch.

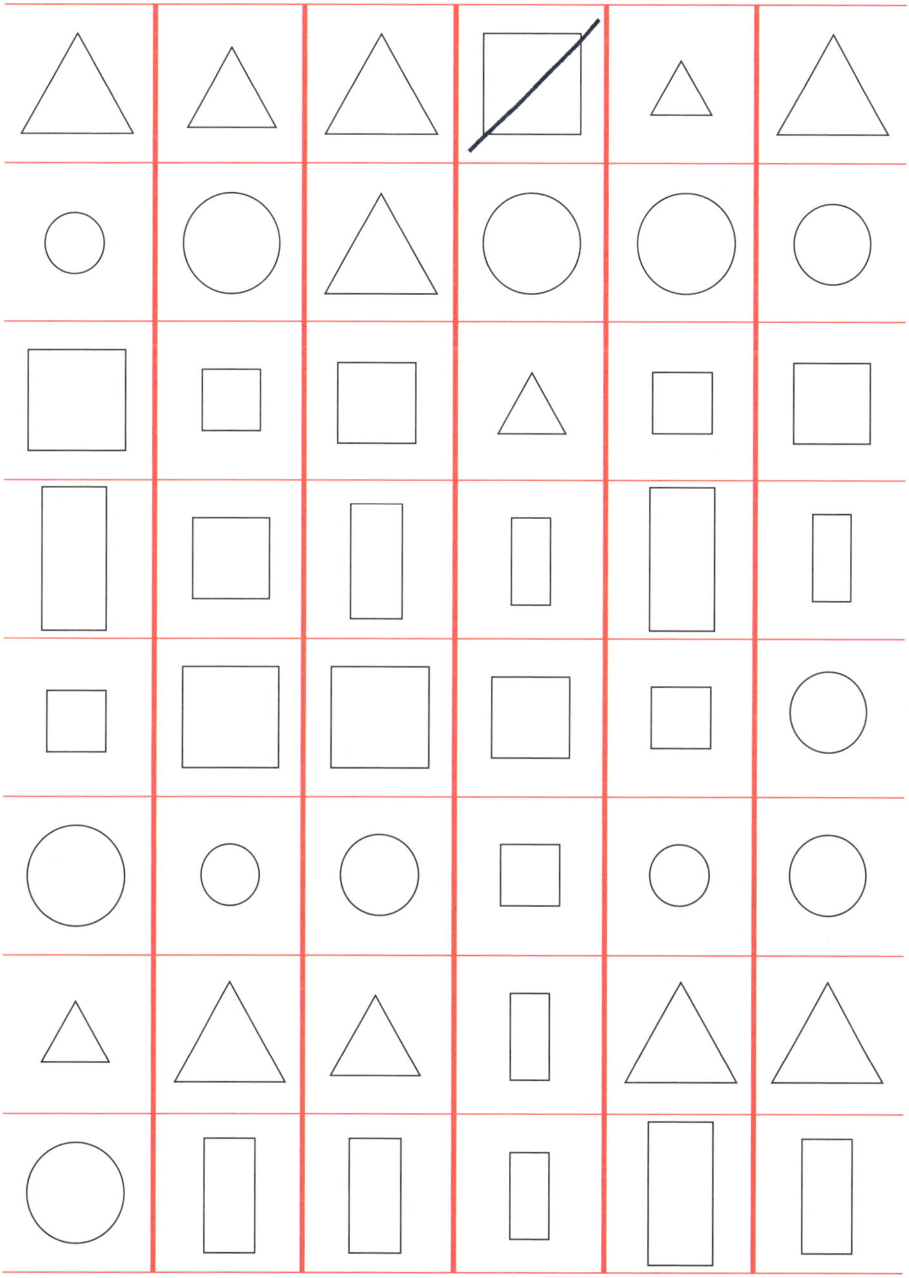

Zählen und Anzahl vergleichen

1 Zähle die Gegenstände. Schreibe die Zahl auf.

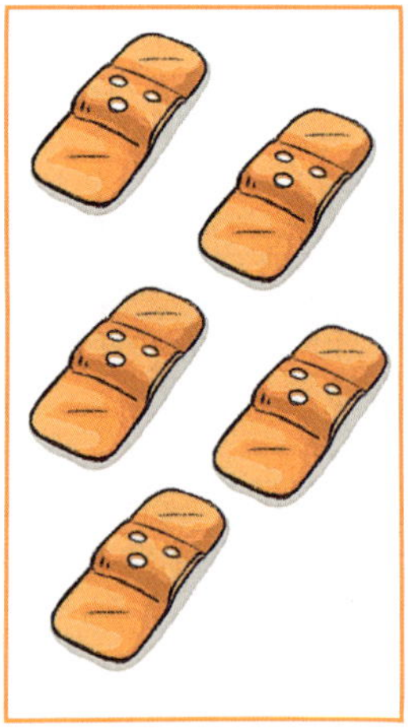

2 Zähle die Tiere. Verbinde mit der passenden Zahl.

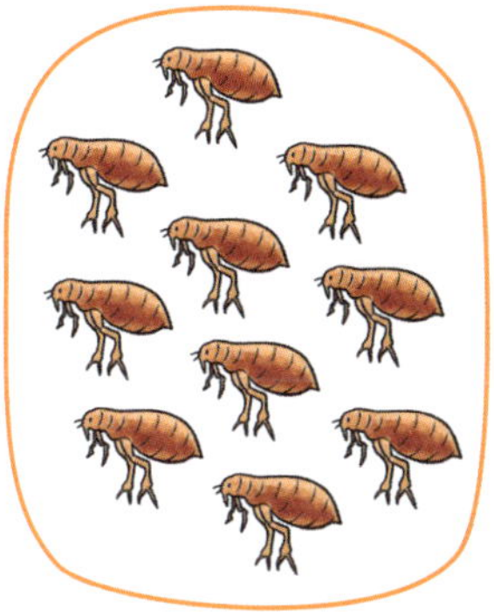

1	2	3	4	5
6	7	8	9	10

1 Kleiner, größer oder gleich?
Vergleiche die Türme.
Trage das richtige Zeichen ein: < oder > oder =

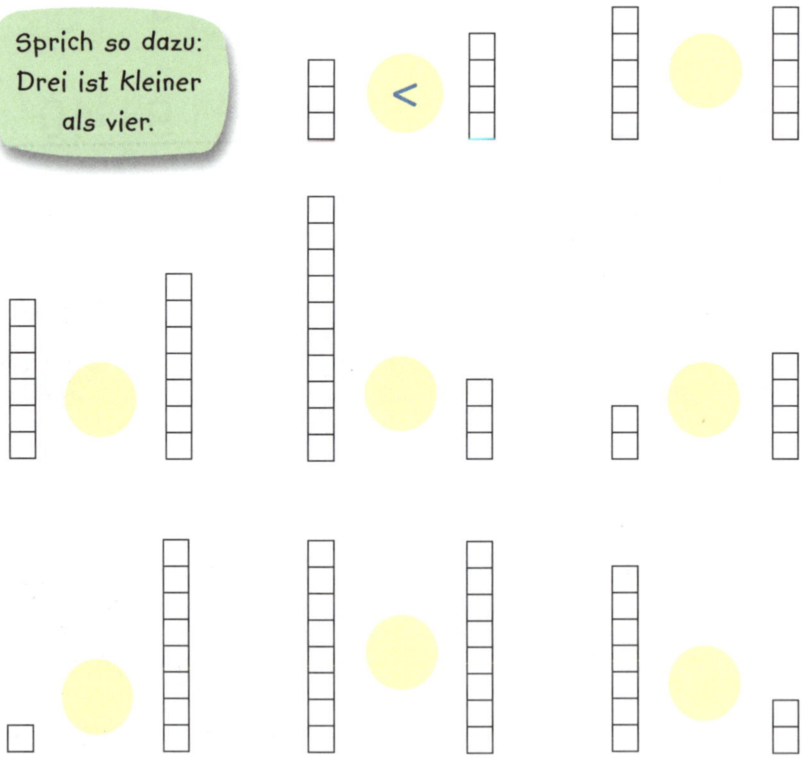

2 Trage das richtige Zeichen ein: < oder > oder =

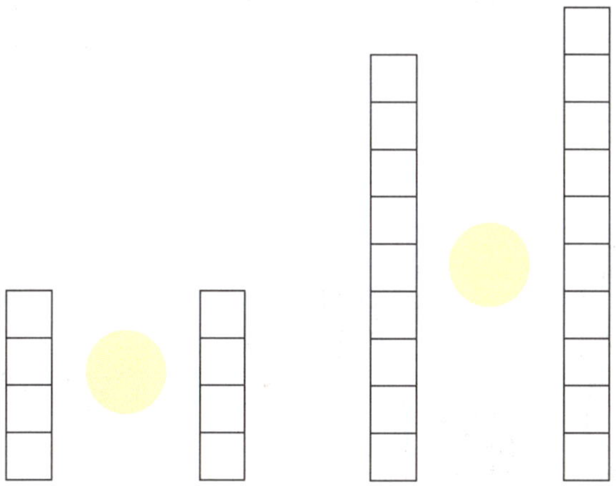

1 **Verbinde die passenden Bilder mit den Zahlen.**

2 **Verbinde auch hier die Bilder mit den Zahlen.**

3 **Zähle und vergleiche. Trage die Zahlen und das passende Zeichen ein: < oder > oder =.**

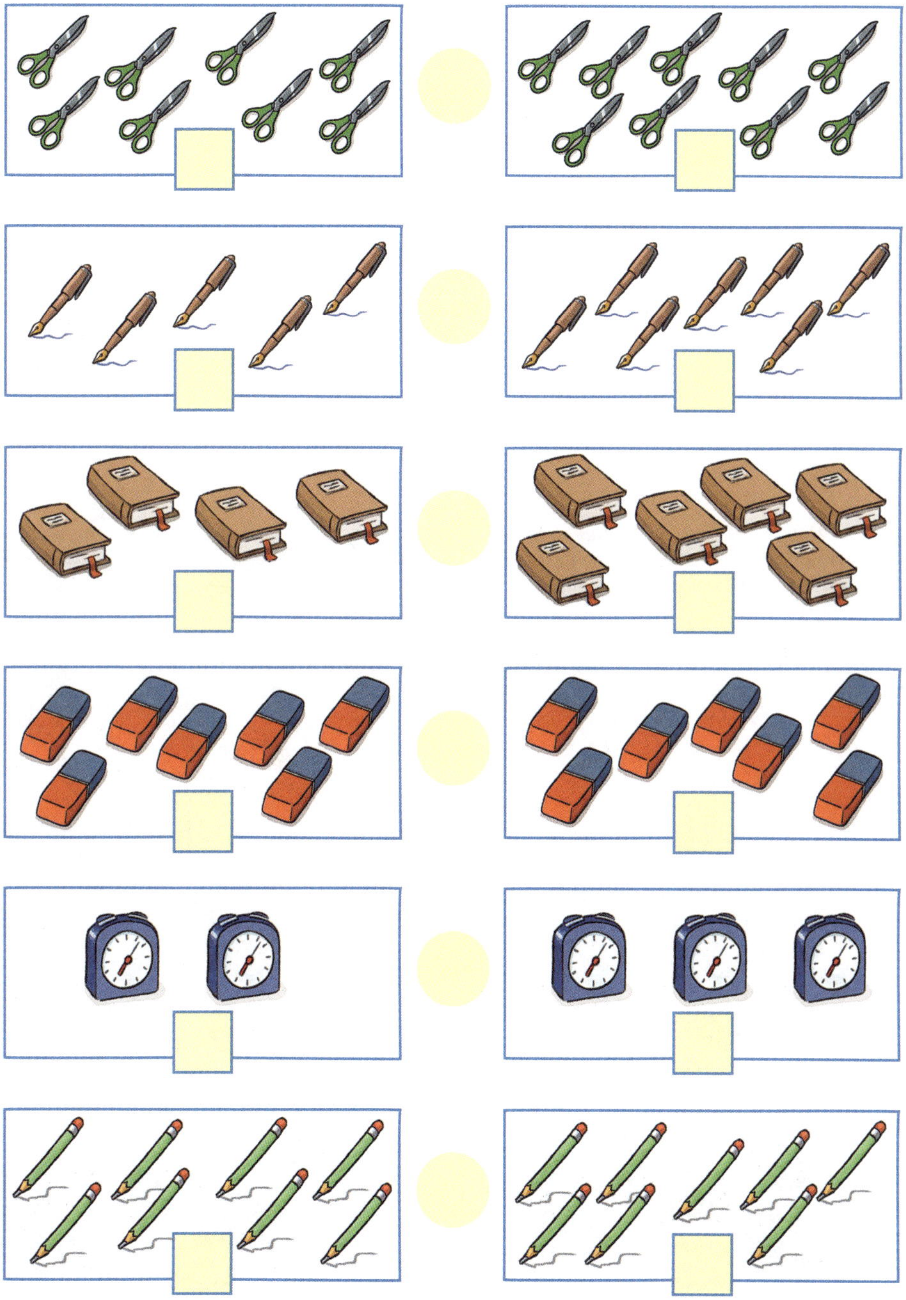

4 Zähle und vergleiche.
Trage die Zahlen und das passende Zeichen ein.

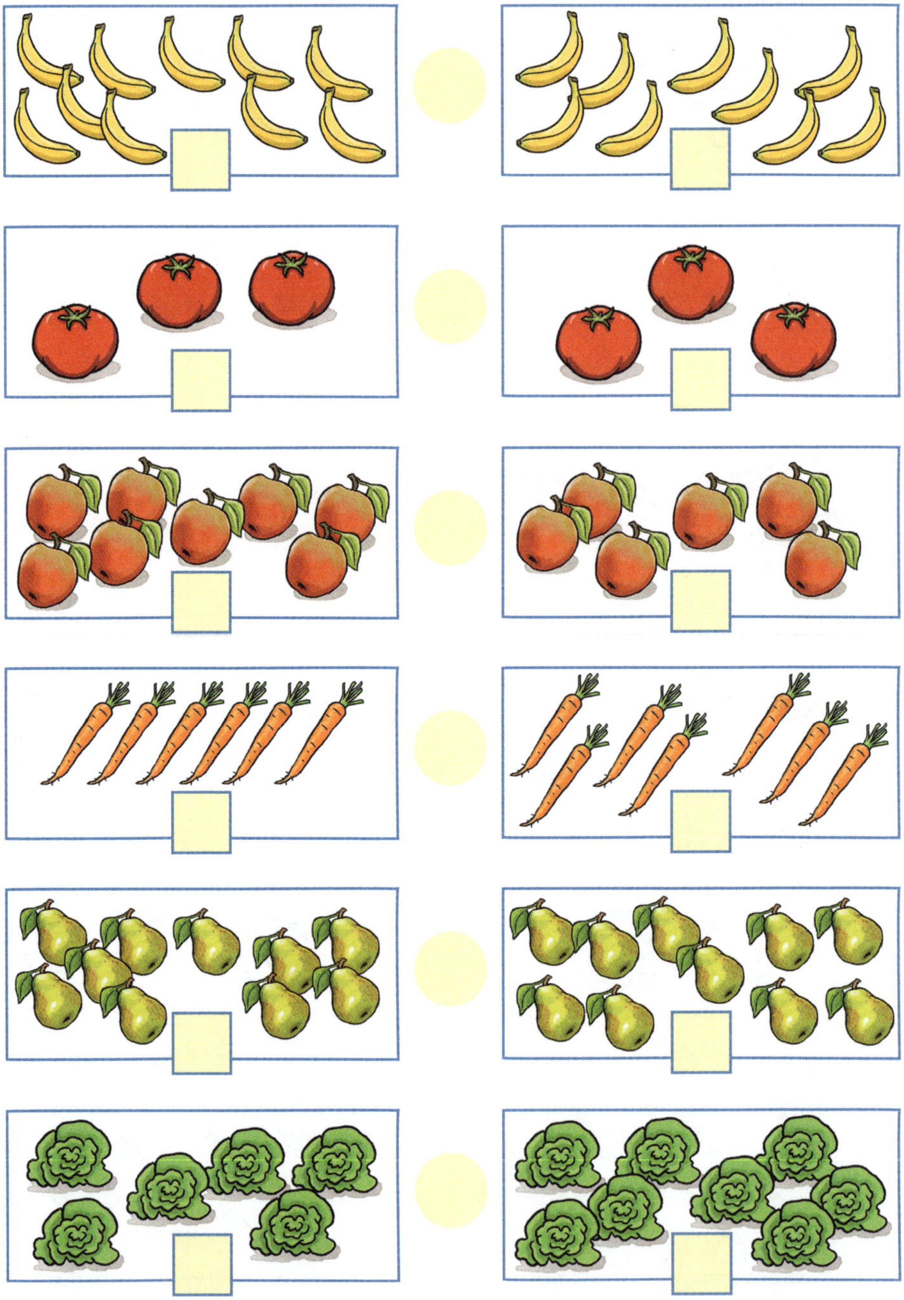

5 **Male und vergleiche.**
Trage die passenden Zeichen ein.

4		5
7		3
6		6
3		2
4		4
1		5

6 Zähle. Führe eine Strichliste. Schreibe die Zahl darunter.

7 **Zähle und führe eine Strichliste. Schreibe die Zahl darunter.**

1 **Finde selbst Aufgaben. Male passend zum Zeichen.**

$>$

$<$

$=$

$<$

2 **Trage < und > richtig ein.**

||| 卌 卌 | ||

3 < 5 ☐ ◯ ☐

卌 卌 |||| |||| 卌 |

☐ ◯ ☐ ☐ ◯ ☐

Finde selbst zwei Aufgaben.

☐ ☐ ☐ ☐

☐ ◯ ☐ ☐ ◯ ☐

3 **Trage < und > richtig ein.**

1 ◯ 2 ◯ 3

5 ◯ 4 ◯ 3

4 ◯ 5 ◯ 6

9 ◯ 8 ◯ 7

Plusaufgaben bis 10

1 **Wie viele Punkte sind es? Schreibe auf.**

7	5	9	2

  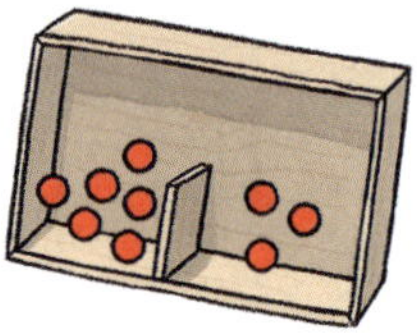 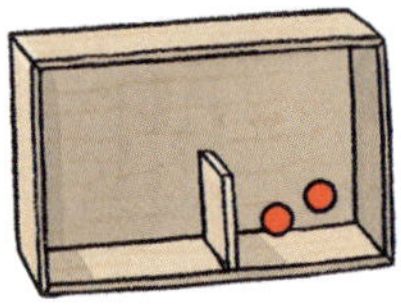

3 4

 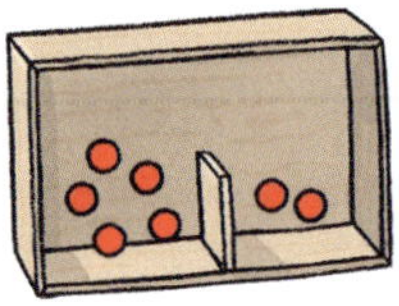  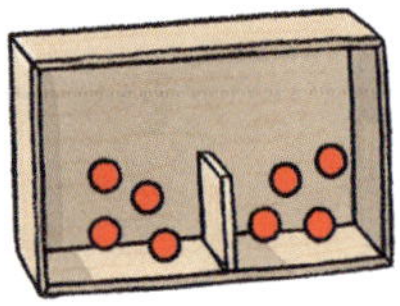

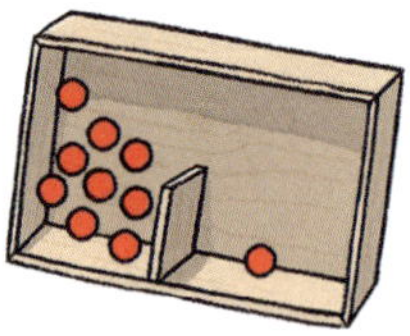   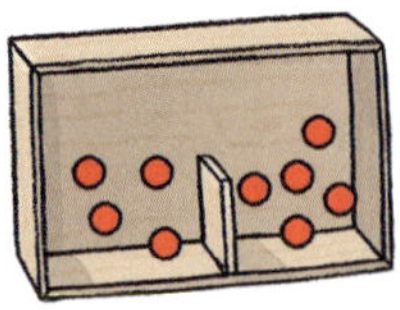

2 **Male die Punkte. Schreibe die fehlenden Zahlen auf.**

☐	☐	☐

4	2	5	3	1	2

5	7	6

2		5		1	

4	5	9

Plusaufgaben bis 10

1 Immer 10. Schreibe die Plusaufgaben auf.

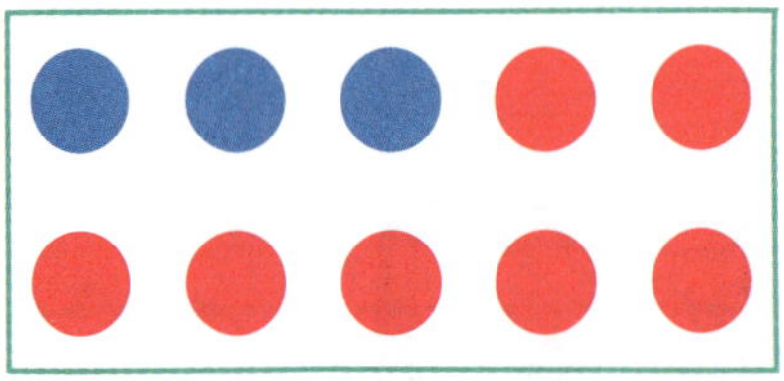

□ + □ = □

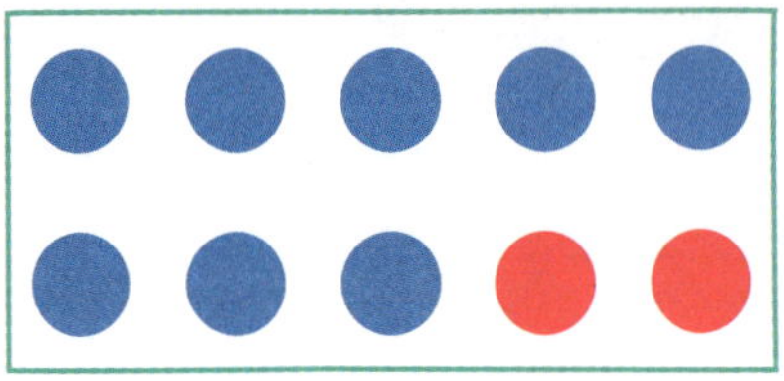

□ + □ = □

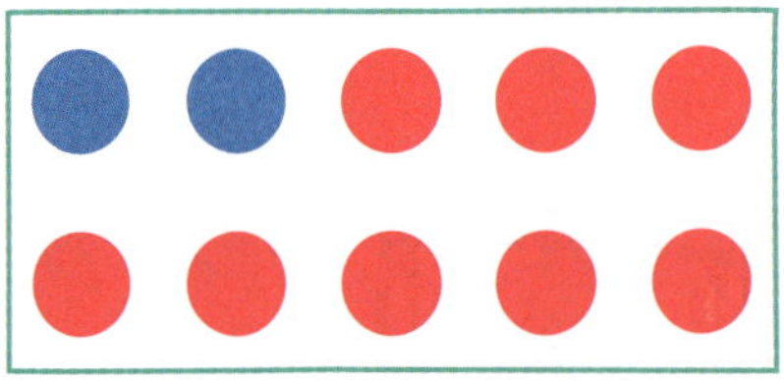

□ + □ = □

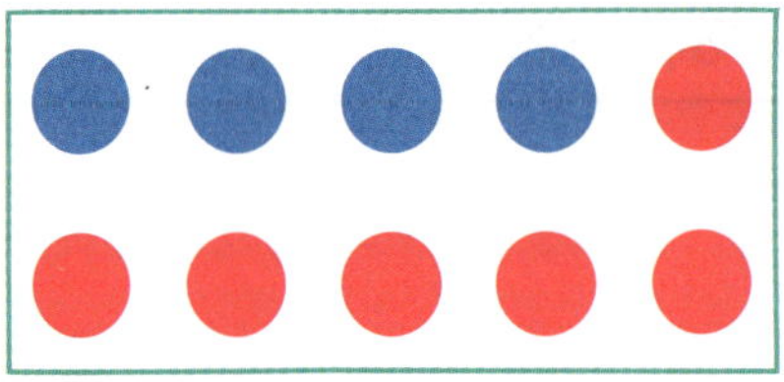

□ + □ = □

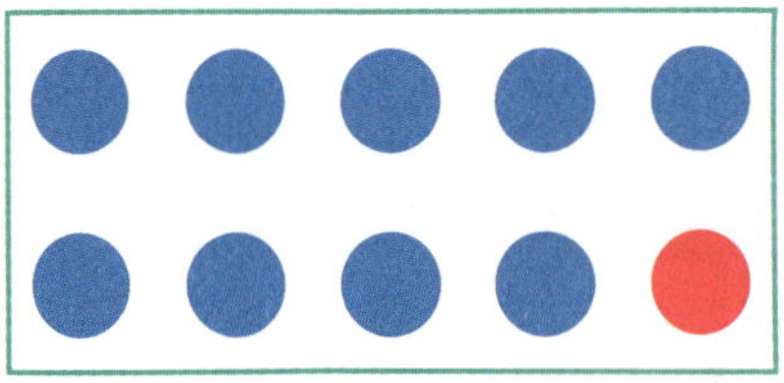

□ + □ = □

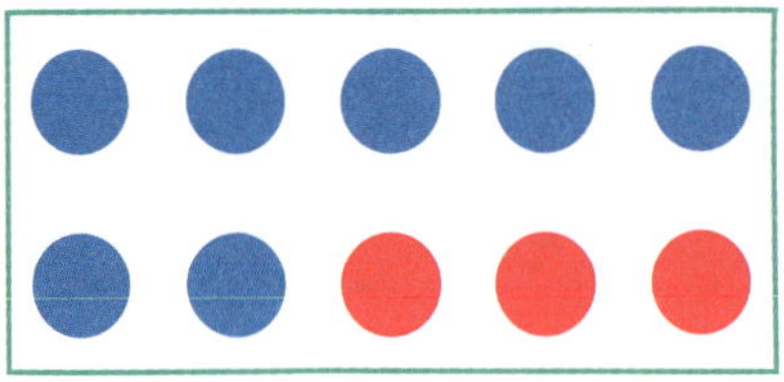

□ + □ = □

2 Immer 10. Welche Zahl fehlt?

○○○○○ ○○○○○	0 + ___ = 10
●○○○○ ○○○○○	1 + ___ = 10
●●○○○ ○○○○○	2 + ___ = 10
●●●○○ ○○○○○	3 + ___ = 10
●●●●○ ○○○○○	4 + ___ = 10
●●●●● ○○○○○	5 + ___ = 10
●●●●● ●○○○○	6 + ___ = 10
●●●●● ●●○○○	7 + ___ = 10
●●●●● ●●●○○	8 + ___ = 10
●●●●● ●●●●○	9 + ___ = 10
●●●●● ●●●●●	10 + ___ = 10

1 **Finde alle Plusaufgaben.**

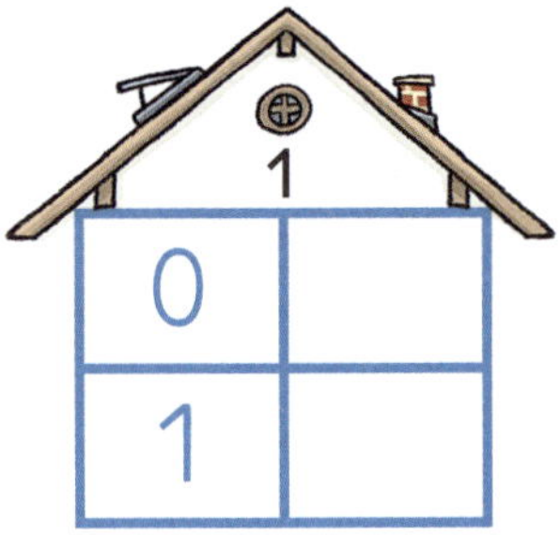

2 **Schreibe die passenden Plusaufgaben auf.**

Formen und Muster

1 Male die Formen an.

2 Male an und zähle.

1 Zeichne die Formen nach. Setze die Muster fort.

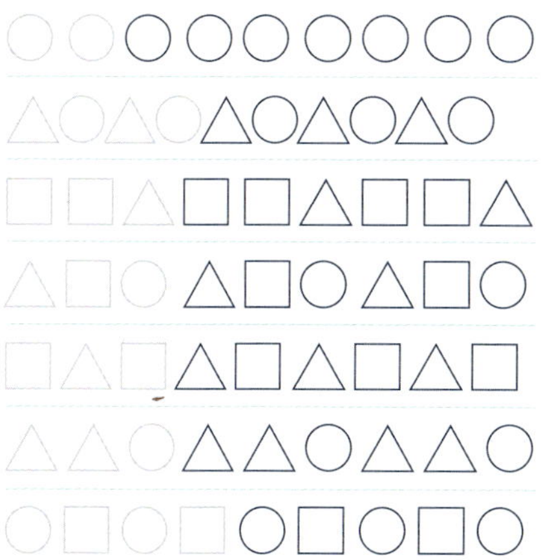

2 Setze die Muster fort.

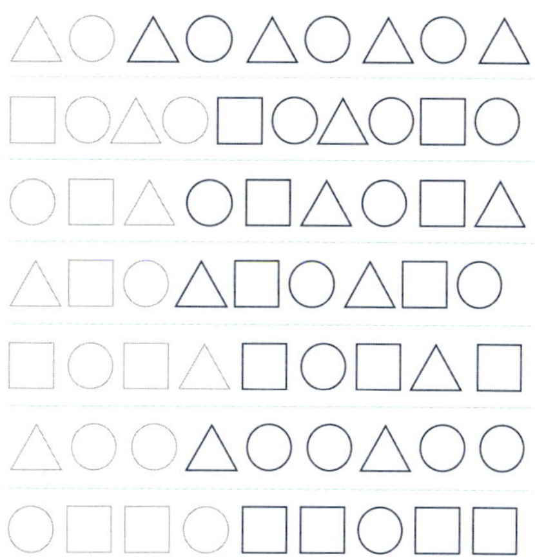

1 Finde die Formen. Male an.

2 **Setze die Muster fort.**

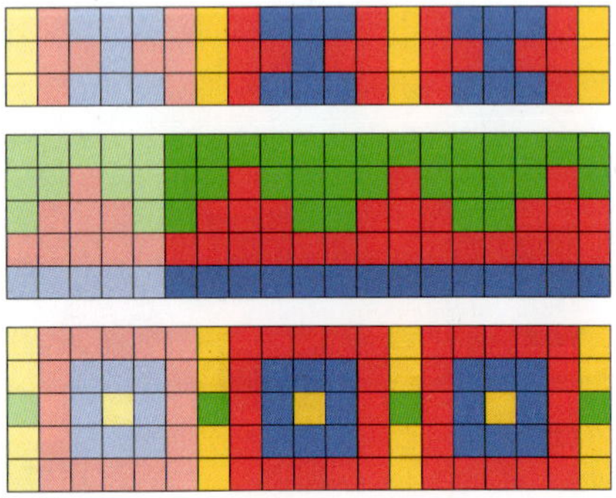

Male nun selbst ein Muster. Setze das Muster dann fort.

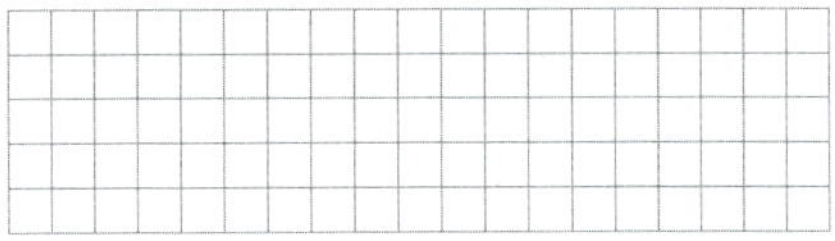

(eigene Lösung)

1 Was fehlt? Zeichne die Form.

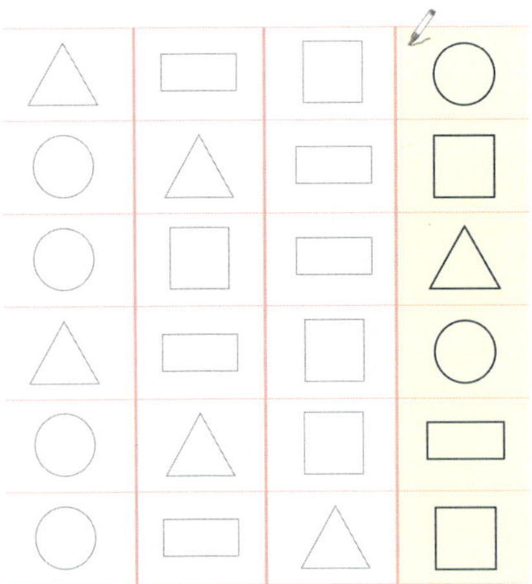

2 Was passt nicht? Streiche durch.

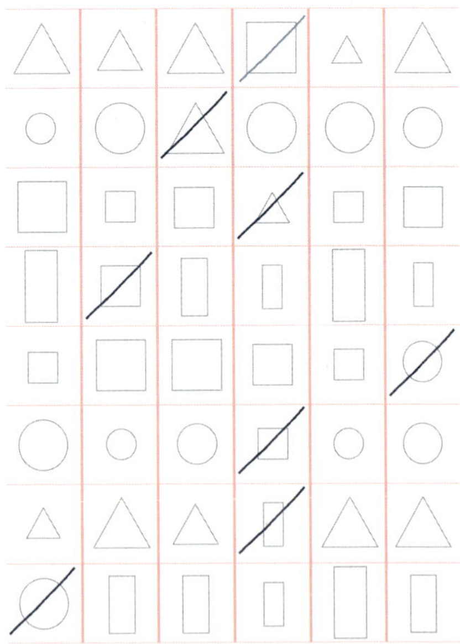

Zählen und Anzahl vergleichen

1 Zähle die Gegenstände. Schreibe die Zahl auf.

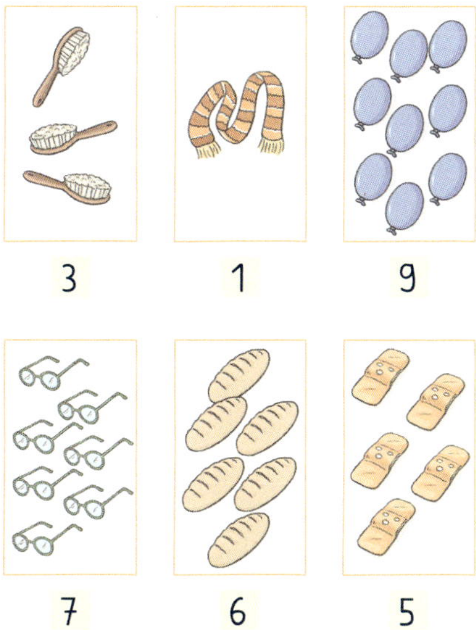

2 Zähle die Tiere. Verbinde mit der passenden Zahl.

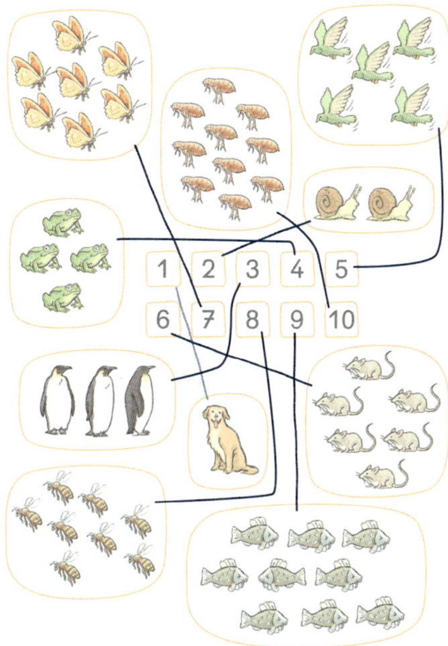

1 Kleiner, größer oder gleich?
Vergleiche die Türme.
Trage das richtige Zeichen ein: < oder > oder =

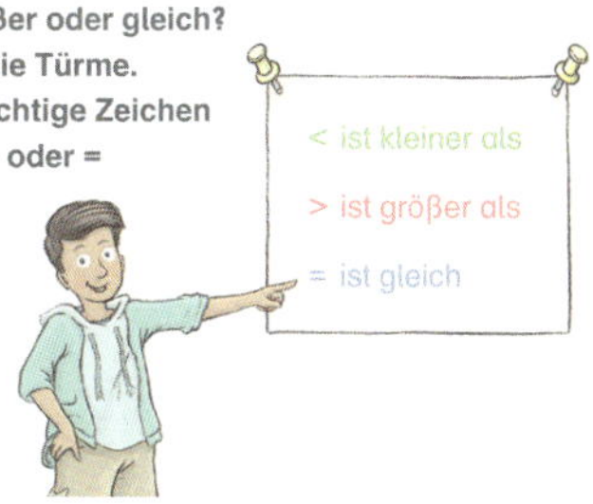

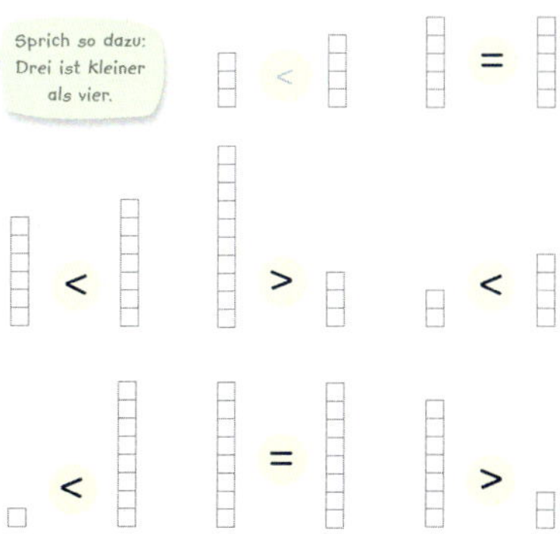

2 Trage das richtige Zeichen ein: < oder > oder =

1 Verbinde die passenden Bilder mit den Zahlen.

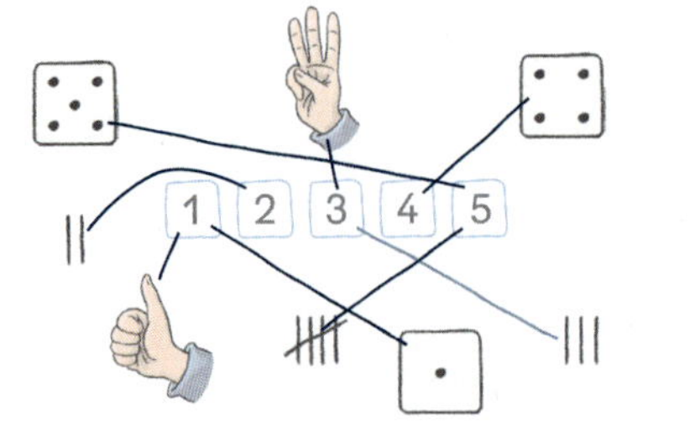

2 Verbinde auch hier die Bilder mit den Zahlen.

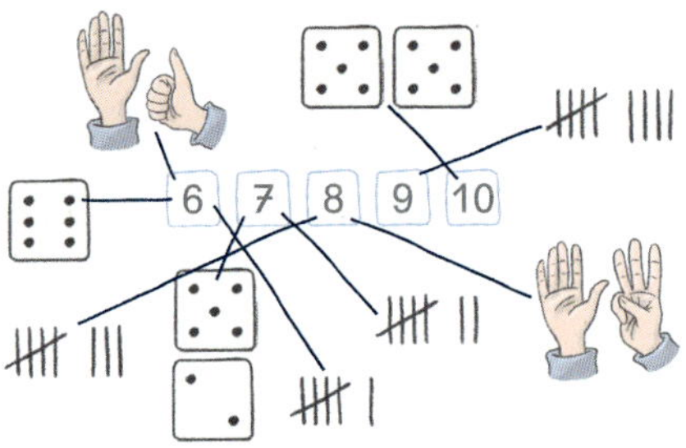

3 Zähle und vergleiche. Trage die Zahlen und das passende Zeichen ein: < oder > oder =.

8	<	9
5	<	7
4	<	6
7	=	7
2	<	3
8	=	8

4 Zähle und vergleiche.
Trage die Zahlen und das passende Zeichen ein.

10	>	9
3	=	3
8	>	6
6	<	7
10	=	10
6	<	8

5 Male und vergleiche.
Trage die passenden Zeichen ein.

(eigene Lösungen) 4	<	5
7	>	3
6	=	6
3	>	2
4	=	4
1	<	5

6 Zähle. Führe eine Strichliste. Schreibe die Zahl darunter.

7 Zähle und führe eine Strichliste. Schreibe die Zahl darunter.

𝍸 ||	||	|||	|||
7	2	3	3

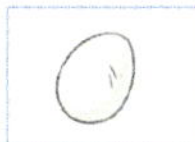			
𝍸 𝍸	||||	||||	|||
10	4	4	3

So erkennst du die Fünf immer schnell:

1 Finde selbst Aufgaben. Male passend zum Zeichen.

(eigene Lösungen)	>	
	<	
	=	
	<	

2 Trage < und > richtig ein.

|||		𝍸		𝍸 |		||
3	<	5		6	>	2
𝍸		𝍸 ||||		||||		𝍸 |
5	<	9		4	<	6

Finde selbst zwei Aufgaben. (eigene Lösungen)

3 Trage < und > richtig ein.

1 < 2 < 3

5 > 4 > 3

4 < 5 < 6

9 > 8 > 7

Plusaufgaben bis 10

1 Wie viele Punkte sind es? Schreibe auf.

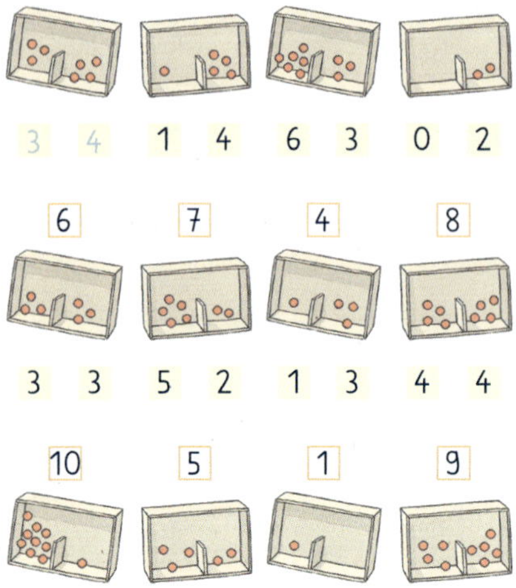

7	5	9	2
3 4	1 4	6 3	0 2
6	7	4	8
3 3	5 2	1 3	4 4
10	5	1	9
9 1	3 2	1 0	4 5

2 Male die Punkte. Schreibe die fehlenden Zahlen auf.

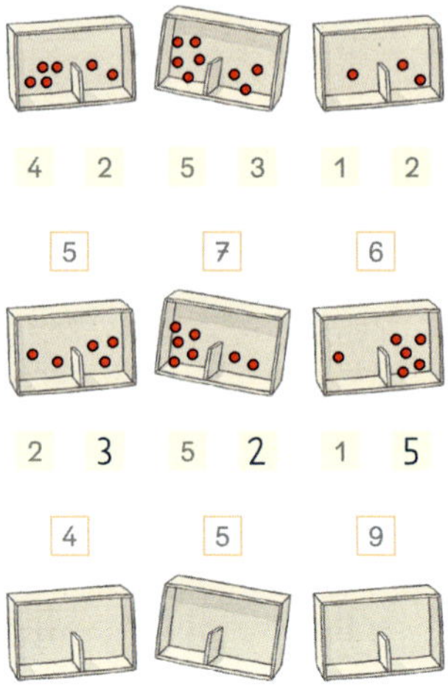

6	8	3
4 2	5 3	1 2
5	7	6
2 3	5 2	1 5
4	5	9

(eigene Lösungen)

1 Immer 10. Schreibe die Plusaufgaben auf.

3 + 7 = 10

8 + 2 = 10

2 + 8 = 10

4 + 6 = 10

9 + 1 = 10

7 + 3 = 10

2 Immer 10. Welche Zahl fehlt?

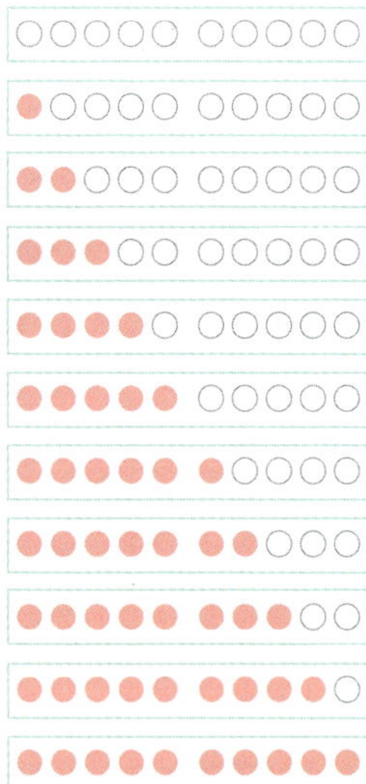

0 + 10 = 10

1 + 9 = 10

2 + 8 = 10

3 + 7 = 10

4 + 6 = 10

5 + 5 = 10

6 + 4 = 10

7 + 3 = 10

8 + 2 = 10

9 + 1 = 10

10 + 0 = 10

1 Finde alle Plusaufgaben.

1	
0	1
1	0

2	
0	2
1	1
2	0

3	
0	3
1	2
2	1
3	0

2 Schreibe die passenden Plusaufgaben auf.

1 + 2 = 3

2 + 1 = 3

3 Finde alle Plusaufgaben.

4	
4	0
3	1
2	2
1	3
0	4

6	
6	0
5	1
4	2
3	3
2	4
1	5
0	6

5	
5	0
4	1
3	2
2	3
1	4
0	5

4 Immer 6. Verbinde die passenden Würfel.

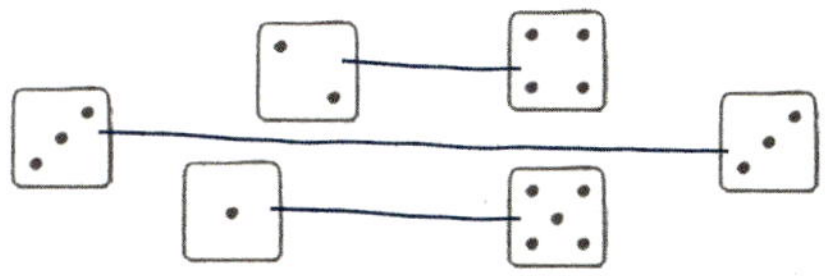

5 Finde alle Plusaufgaben.

7	
7	0
6	1
5	2
4	3
3	4
2	5
1	6
0	7

8	
8	0
7	1
6	2
5	3
4	4
3	5
2	6
1	7
0	8

6 Rechne.

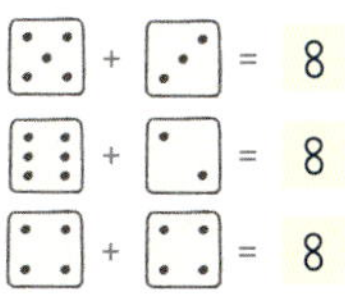

7 Finde alle Plusaufgaben.

9	
9	0
8	1
7	2
6	3
5	4
4	5
3	6
2	7
1	8
0	9

10	
10	0
9	1
8	2
7	3
6	4
5	5
4	6
3	7
2	8
1	9
0	10

8 Immer 10. Welche Herzen gehören zusammen? Verbinde.

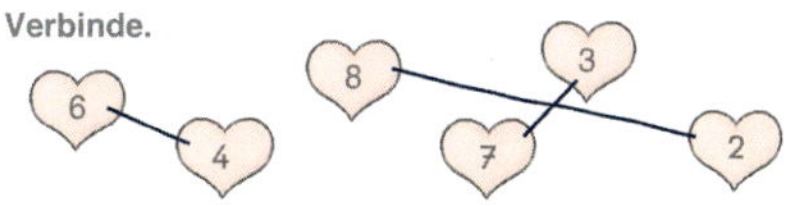

1 **Rechne aus.**

2 + 8 = 10 6 + 4 = 10 10 + 0 = 10

0 + 10 = 10 3 + 7 = 10 9 + 1 = 10

4 + 6 = 10 2 + 8 = 10 8 + 2 = 10

5 + 5 = 10 1 + 9 = 10 7 + 3 = 10

Was fällt dir auf?

Das Ergebnis ist immer 10.

2 **Welche Zahl fehlt?**

7 + 3 = 10 6 + 4 = 10

8 + 2 = 10 7 + 3 = 10

9 + 1 = 10 8 + 2 = 10

10 + 0 = 10 9 + 1 = 10

3 **Welche Zahl fehlt?**

3 + 4 + 3 = 10

7 + 1 + 2 = 10

5 + 4 + 1 = 10

1 + 3 + 6 = 10

8 + 1 + 1 = 10

4 **Ergänze.**

Erkennst du ein Muster?

1 + 1 + 8 = 10

2 + 2 + 6 = 10

3 + 3 + 4 = 10

4 + 4 + 2 = 10

Die dritte Zahl wird immer um 2 kleiner.

Kombinationen finden

1 **Male die Türme verschieden an. Wähle Gelb, Blau und Rot.**

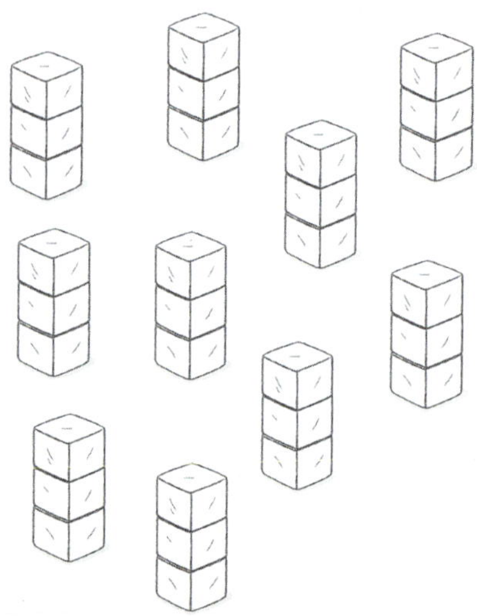

(eigene Lösungen)

1 **Jeder Turm soll anders aussehen. Male die drei Steine bei jedem Turm verschieden an. Wähle Gelb, Blau und Rot.**

Wie viele unterschiedliche Türme kannst du malen?

Ich kann 6 unterschiedliche Türme malen.

1 **Jeder Turm soll anders aussehen.**
Male die vier Steine in unterschiedlichen Farben an.
Wähle Gelb, Rot, Blau und Grün.

Wie viele unterschiedliche Möglichkeiten hast du gefunden?

Ich habe 24 unterschiedliche Möglichkeiten gefunden.

1 **Zeichne das Baumdiagramm weiter.**

Wie viele unterschiedliche Möglichkeiten gibt es?

Es gibt 6 Kombinationsmöglichkeiten.

2 **Male das Bild an. Wähle Rot, Gelb, Blau und Grün. Nachbarfelder dürfen nicht in der gleichen Farbe angemalt werden.**

(eigene Lösung)

Rechnen mit Zahlen bis 20

1 **Wie viele Kinder sind es?**
Bündele immer 5. Zähle dann.

Es sind 18 Kinder.

2 **Kreise immer zuerst 10 ein. Wie viele sind es?**
Schreibe in die Stellentafel.

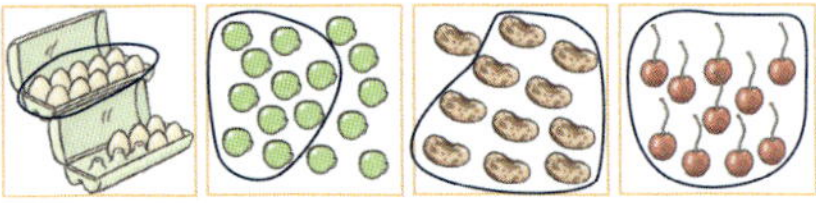

Z	E	Z	E	Z	E	Z	E
1	5	1	6	1	1	1	0

Wenn es keine Einer gibt, trägst du eine 0 in die Stellentafel ein.

3 **Wie viele Punkte sind es?**
Schreibe zu jedem Bild die passende Zahl auf.

13 16
17 20
11 14

4 **Setze die Zahlenfolgen fort.**

7 8 9 10 11 12 13 14
6 7 8 9 10 11 12 13
20 19 18 17 16 15 14 13
15 14 13 12 11 10 9 8
8 9 10 11 12 13 14 15
14 13 12 11 10 9 8 7

5 **Wie heißen die Nachbarzahlen? Schreibe auf.**

3 4 5 | 9 10 11 12 13 | 18 19 20
8 9 10 | 12 13 14 15 16 | 14 15 16

1 **Ergänze zur 10.**

4 + 6 = 10
8 + 2 = 10
7 + 3 = 10
3 + 7 = 10
1 + 9 = 10
6 + 4 = 10
5 + 5 = 10
2 + 8 = 10

Wenn du zuerst bis zur 10 auffüllst oder abziehst, kannst du die Aufgabe leichter lösen.

2 **Rechne zurück bis zur 10.**

14 – 4 = 10
17 – 7 = 10
12 – 2 = 10
15 – 5 = 10
16 – 6 = 10
19 – 9 = 10
18 – 8 = 10
13 – 3 = 10

3 **Rechne bis zur 10 und dann weiter.**

6 + 5 = 11
6 + 4 + 1 = 11

8 + 7 = 15
8 + 2 + 5 = 15

4 + 9 = 13
4 + 6 + 3 = 13

7 + 7 = 14
7 + 3 + 4 = 14

4 **Rechne zurück bis zur 10 und dann weiter.**

14 – 5 = 9
14 – 4 – 1 = 9

17 – 8 = 9
17 – 7 – 1 = 9

12 – 4 = 8
12 – 2 – 2 = 8

16 – 8 = 8
16 – 6 – 2 = 8

5 Finde die Tauschaufgaben wie im Beispiel.

3 + 4 = 7
4 + 3 = 7

15 + 3 = 18
3 + 15 = 18

7 + 6 = 13
6 + 7 = 13

8 + 12 = 20 12 + 8 = 20	14 + 2 = 16 2 + 14 = 16	3 + 9 = 12 9 + 3 = 12
5 + 12 = 17 12 + 5 = 17	11 + 2 = 13 2 + 11 = 13	6 + 3 = 9 3 + 6 = 9
10 + 4 = 14 4 + 10 = 14	13 + 2 = 15 2 + 13 = 15	9 + 5 = 14 5 + 9 = 14

6 Finde die Umkehraufgabe wie im Beispiel.

6 + 2 = 8
8 − 2 = 6

3 + 8 = 11
11 − 8 = 3

10 + 6 = 16 16 − 6 = 10	2 + 8 = 10 10 − 8 = 2	6 + 6 = 12 12 − 6 = 6

7 Finde die Umkehraufgabe wie im Beispiel.

9 − 5 = 4
4 + 5 = 9

12 − 6 = 6 6 + 6 = 12	20 − 7 = 13 13 + 7 = 20	13 − 5 = 8 8 + 5 = 13

1 Rechne immer zuerst zur 10, dann weiter. Schreibe die Aufgabe auf.

8 + 7 = 15
8 + 2 + 5 = 15

5 + 6 = 11
5 + 5 + 1 = 11

9 + 6 = 15
9 + 1 + 5 = 15

3 + 8 = 11
3 + 7 + 1 = 11

2 Male und rechne.

6 + 8 = 14
6 + 4 + 4 = 14

8 + 5 = 13
8 + 2 + 3 = 13

5 + 9 = 14
5 + 5 + 4 = 14

7 + 5 = 12
7 + 3 + 2 = 12

3 Finde Tauschaufgaben und Umkehraufgaben.

14, 2, 16	3, 9, 12
14 + 2 = 16	3 + 9 = 12
2 + 14 = 16	9 + 3 = 12
16 − 14 = 2	12 − 3 = 9
16 − 2 = 14	12 − 9 = 3

20, 17, 3	10, 4, 14
3 + 17 = 20	10 + 4 = 14
17 + 3 = 20	4 + 10 = 14
20 − 3 = 17	14 − 4 = 10
20 − 17 = 3	14 − 10 = 4

14, 5, 19	12, 5, 7
14 + 5 = 19	5 + 7 = 12
5 + 14 = 19	7 + 5 = 12
19 − 5 = 14	12 − 5 = 7
19 − 14 = 5	12 − 7 = 5

4 Finde die Umkehraufgaben.

					Z	E
	3	+	8	=	1	1
1	1	−	8	=		3

1	3	+	7	=	2	0
2	0	−	7	=	1	3

1	5	−	3	=	1	2
1	2	+	3	=	1	5

	9	+	6	=	1	5
1	5	−	6	=		9

1	6	−	9	=		7
	7	+	9	=	1	6

1	7	−	8	=		9
	9	+	8	=	1	7

5 **Rechne zuerst zur 10. Schreibe deine Rechnung auf.**

7 + 6 = 13

7 + 3 + 3 = 13

8 + 4 = 12

8 + 2 + 2 = 12

1 **Finde Rechenaufgaben, die 13 ergeben. Schreibe sie auf.**

(eigene Lösungen)

2 Rechne.

18		
10	8	
7	3	5

16		
8	8	
4	4	4

19		
8	11	
2	6	5

Geschickt plus und minus rechnen

1 Finde Rechenaufgaben.

4 9 5

	4	+		5	=		9
	5	+		4	=		9
	9	−		4	=		5
	9	−		5	=		4

11 7 4

1	1	−		7	=		4
1	1	−		4	=		7
	4	+		7	=	1	1
	7	+		4	=	1	1

8 1 7

	8	−		1	=		7
	8	−		7	=		1
	7	+		1	=		8
	1	+		7	=		8

5 13 8

1	3	−		8	=		5
1	3	−		5	=		8
	8	+		5	=	1	3
	5	+		8	=	1	3

2 Finde Rechenaufgaben.

10 4 6

	4	+		6	=	1	0
	6	+		4	=	1	0
1	0	−		6	=		4
1	0	−		4	=		6

13 11 2

1	3	−	1	1	=		2
1	3	−		2	=	1	1
1	1	+		2	=	1	3
	2	+	1	1	=	1	3

5 1 6

	5	+		1	=		6
	1	+		5	=		6
	6	−		1	=		5
	6	−		5	=		1

2 9 7

	9	−		2	=		7
	9	−		7	=		2
	2	+		7	=		9
	7	+		2	=		9

1 Finde Rechenaufgaben. Verdopple.

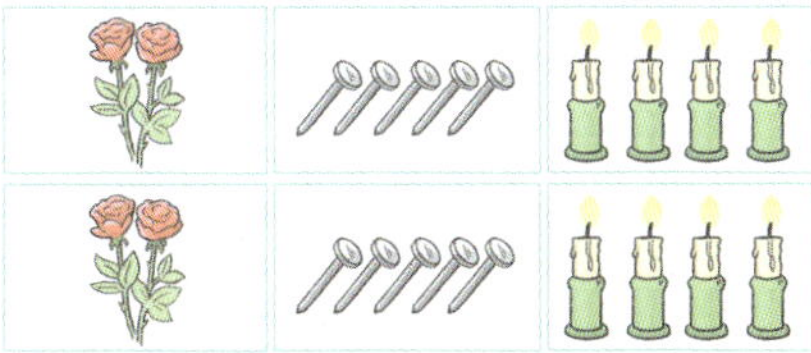

2 + 2 = 4   5 + 5 = 10   4 + 4 = 8

2 Halbiere. Finde Rechenaufgaben.

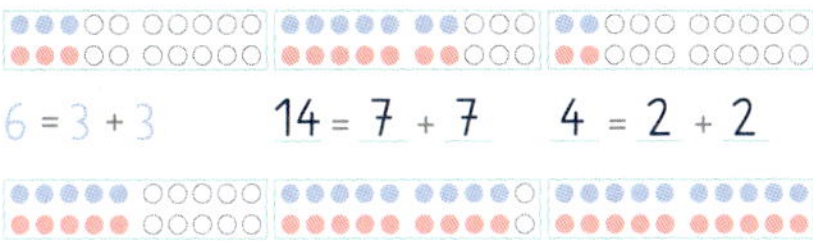

6 = 3 + 3   14 = 7 + 7   4 = 2 + 2

10 = 5 + 5   18 = 9 + 9   20 = 10 + 10

3 Male an und halbiere.

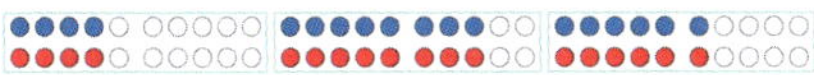

8 = 4 + 4   16 = 8 + 8   12 = 6 + 6

4 Welche Aufgaben passen zusammen? Rechne und verbinde.

6 + 2 = 8	4 − 3 = 1
14 − 3 = 11	16 + 2 = 18
7 − 4 = 3	17 − 4 = 13
5 + 2 = 7	15 + 2 = 17

5 Rechne die verwandten Aufgaben.

Bei Plus- und Minusaufgaben kannst du zuerst die leichte verwandte Aufgabe rechnen.

9 − 7 = 2	19 − 7 = 12
3 + 5 = 8	13 + 5 = 18
5 + 4 = 9	15 + 4 = 19
8 − 6 = 2	18 − 6 = 12

6 Finde die Nachbaraufgaben. Rechne.

Jede Aufgabe hat vier Nachbaraufgaben. Sie können dir manchmal helfen, schnell zu rechnen.

	5 + 5 = 10	
4 + 6 = 10	5 + 6 = 11	6 + 6 = 12
	5 + 7 = 12	

	7 + 4 = 11	
6 + 5 = 11	7 + 5 = 12	8 + 5 = 13
	7 + 6 = 13	

	3 + 3 = 6	
2 + 4 = 6	3 + 4 = 7	4 + 4 = 8
	3 + 5 = 8	

	8 + 1 = 9	
7 + 2 = 9	8 + 2 = 10	9 + 2 = 11
	8 + 3 = 11	

Maya: Emilias: Ardian: Sude:

1 Wie haben die Kinder gerechnet? Verbinde.

zuerst bis zur 10	Maya
Tauschaufgabe	Sude
verwandte Aufgabe	Ardian
Nachbaraufgabe	Emilias

2 Rechne.

3 + 3 = 6	5 + 1 = 6	8 + 5 = 13
3 + 4 = 7	5 + 2 = 7	8 + 6 = 14
3 + 5 = 8	5 + 3 = 8	8 + 7 = 15

Maya: Ardian: Sude:

3 Wie haben die Kinder gerechnet? Verbinde.

- zuerst bis zur 10 — Maya
- halbieren — Ardian
- verwandte Aufgabe — Sude

4 Rechne.

19 – 3 = 16	14 – 6 = 8	12 – 4 = 8
19 – 4 = 15	14 – 7 = 7	12 – 5 = 7
19 – 5 = 14	14 – 8 = 6	12 – 6 = 6

Das Ergebnis wird immer um 1 kleiner.

Was fällt dir auf?

5 Frieda hat sich Aufgaben ausgedacht. Rechne.

	4	+	4	=		8
	7	+	7	=	1	4
	2	+	2	=		4
	6	+	6	=	1	2

3

	6	+	5	=	1	1
	6	+	6	=	1	2
	6	+	7	=	1	3
	6	+	8	=	1	4

2

1	4	–	3	=	1	1
	4	–	3	=		1
1	8	–	6	=	1	2
	8	–	6	=		2
1	7	–	6	=	1	1
	7	–	6	=		1

1

1	5	+	1	=	1	6
	5	+	1	=		6
1	4	+	5	=	1	9
	4	+	5	=		9
1	3	+	6	=	1	9
	3	+	6	=		9

4

6 Was für Aufgaben hat Frieda aufgeschrieben? Schreibe die passende Ziffer unter die Aufgaben.

1 verwandte Aufgaben
2 Nachbaraufgaben
3 Verdopplungsaufgaben
4 verwandte Aufgaben

7 Rechne die Aufgaben aus. Welcher Rechentrick ist es? Verbinde.

- verwandte Aufgabe — 19 – 7 = 12; 9 – 7 = 2
- verdoppeln — 8 + 8 = 16; 4 + 4 = 8
- Umkehraufgabe — 15 + 5 = 20; 5 + 15 = 20
- halbieren — 18 = 9 + 9; 14 = 7 + 7
- Nachbaraufgabe — 9 + 5 = 14; 10 + 5 = 15
- zuerst bis zur 10 — 12 – 9 = 3; 12 – 2 – 7 = 3

8 Rechne.

5 + 5 = 10	17 – 6 = 11	20 = 10 + 10
9 + 9 = 18	7 – 6 = 1	12 = 6 + 6

1 Setze die passenden Zahlen ein. Rechne.

5 3 4 1

4 + 3 = 7
5 + 4 = 9
3 + 1 = 4
4 + 1 = 5
5 + 1 = 6
5 + 3 = 8

(Lösungsbeispiele)

2 Wie geht es weiter? Rechne.

4 + 5 = 9	15 – 2 = 13
5 + 6 = 11	15 – 4 = 11
6 + 7 = 13	15 – 6 = 9
7 + 8 = 15	15 – 8 = 7
8 + 9 = 17	15 – 10 = 5

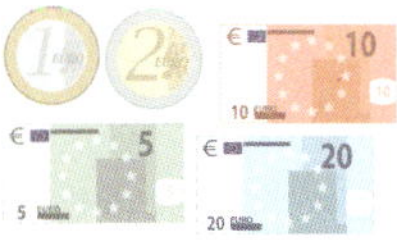

Diese Münzen und Scheine kennst du bestimmt.

3 **Wie viel Geld ist es? Schreibe auf.**

9 €	17 €
8 €	13 €
10 €	20 €
15 €	7 €

Denke immer daran, das Euro-Zeichen hinter den Geldbetrag zu schreiben.

1 **Male passende Münzen und Scheine.**

7 €	5 € 1 € 1 €
10 €	10 €
11 €	10 € 1 €
4 €	2 € 2 €
8 €	5 € 2 € 1 €
3 €	2 € 1 €
5 €	5 €
2 €	2 €

(Lösungsbeispiele)

Es gibt verschiedene richtige Lösungen. Wähle eine aus.

2 **In welcher Spardose ist mehr drin?**

9 €	>	8 €
10 €	<	11 €
5 €	=	5 €
3 €	<	5 €
8 €	>	6 €

1 **Wie viel kostet es?**

7 € 7 € 5 €

2 **Wie viel kostet es zusammen?**

3 € + 6 € = 9 €

2 € + 1 € = 3 €

3 Du hast 10 €. Welche Spielsachen aus dem Bild kaufst du dafür? Male und rechne.

(eigene Lösung)

4 Frieda möchte alle Spielsachen kaufen. Wie viel kostet es? Kannst du ihr helfen? Rechne.

7 € + 7 € + 1 € + 6 € + 1 €
+ 5 € + 2 € + 5 € + 3 € = 37 €

5 Wie kannst du bezahlen? Male passende Münzen und Scheine.

	5 € 2 € oder 2 € 2 € 2 € 1 €
	5 € oder 1 € 1 € 1 € 1 € 1 €
	5 € 1 € oder 2 € 2 € 2 €

(Lösungsbeispiele)

6 Male die Beträge mit möglichst wenigen Münzen und Scheinen.

12 €	10 € 2 €
5 €	5 €
14 €	10 € 2 € 2 €
19 €	10 € 5 € 2 € 2 €
8 €	5 € 2 € 1 €
15 €	10 € 5 €
3 €	2 € 1 €
7 €	5 € 2 €

1 Welche Münzen fehlen? Male.

10 ct 2 ct 2 ct 1 ct 1 ct	= 16 ct
5 ct 1 ct 1 ct 2 ct	= 9 ct
5 ct 2 ct 1 ct 5 ct 5 ct	= 18 ct
2 ct 2 ct 2 ct 1 ct	= 7 ct
10 ct 2 ct 1 ct 5 ct	= 18 ct
1 ct 1 ct 1 ct 1 ct 1 ct 1 ct	= 6 ct

3 **Finde alle Plusaufgaben.**

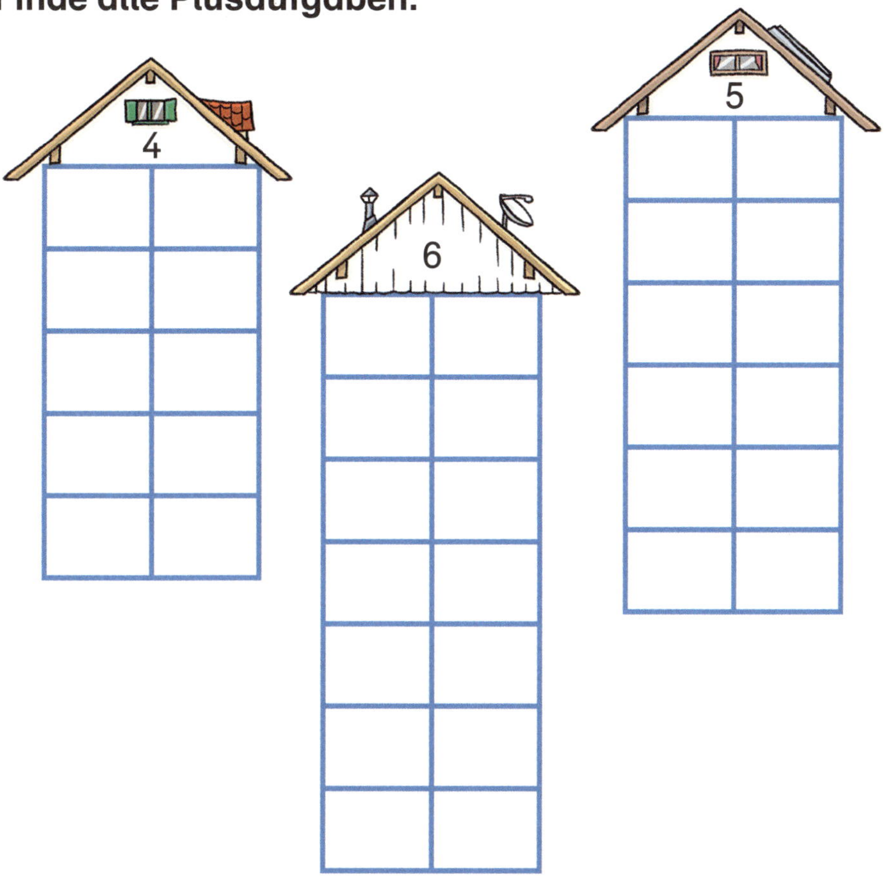

4 **Immer 6. Verbinde die passenden Würfel.**

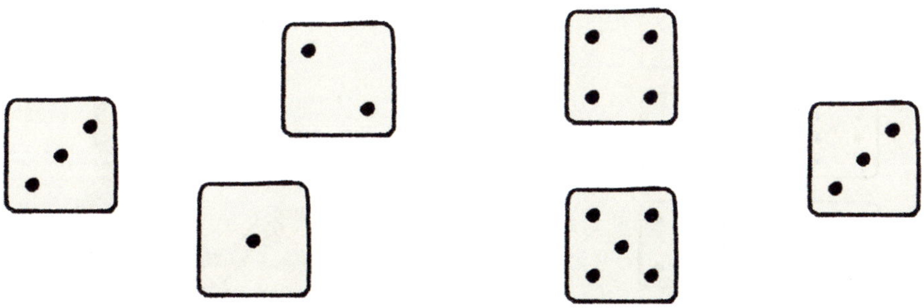

5 Finde alle Plusaufgaben.

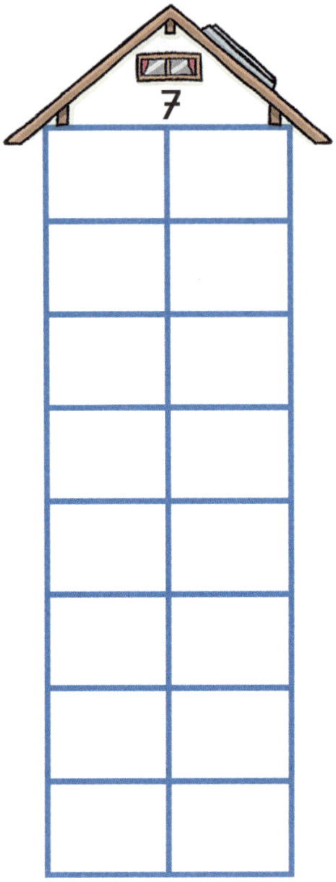

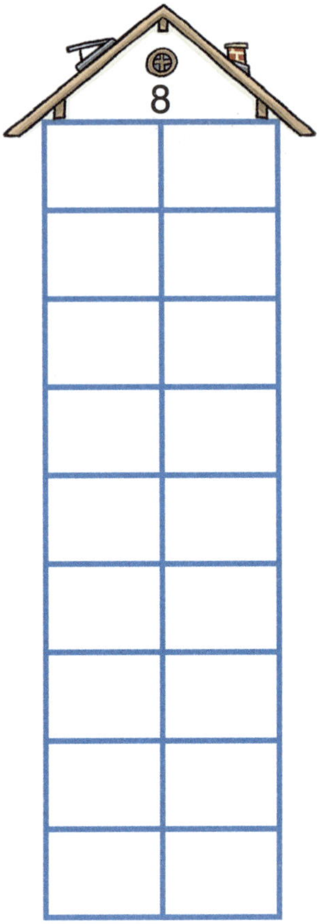

6 Rechne.

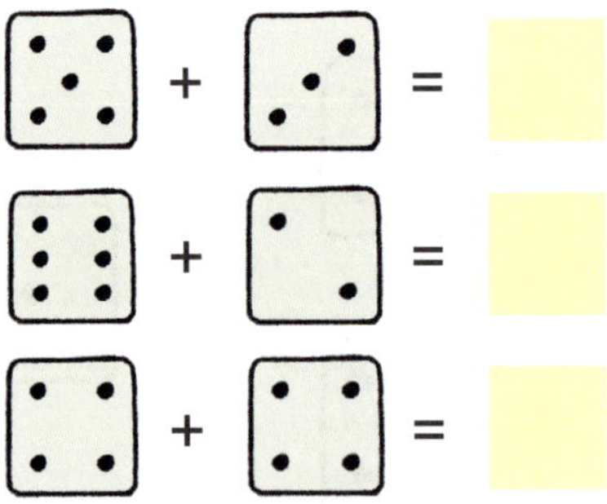

7 **Finde alle Plusaufgaben.**

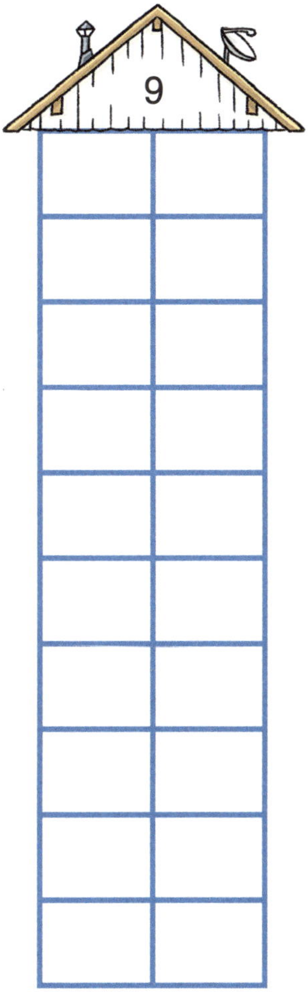

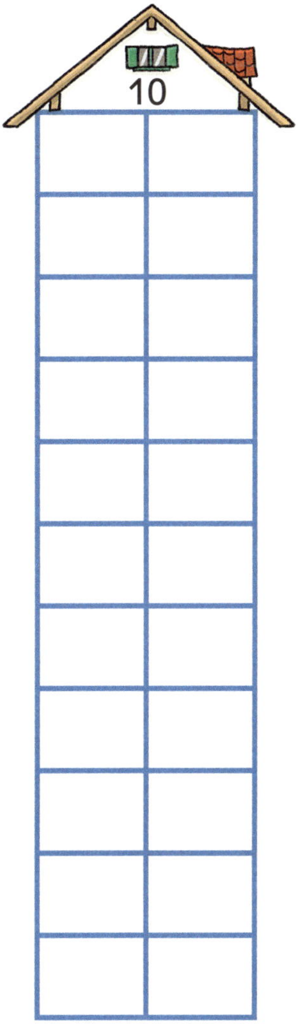

8 **Immer 10. Welche Herzen gehören zusammen? Verbinde.**

Plusaufgaben bis 10

1 Rechne aus.

2 + 8 =	6 + 4 =	10 + 0 =
0 + 10 =	3 + 7 =	9 + 1 =
4 + 6 =	2 + 8 =	8 + 2 =
5 + 5 =	1 + 9 =	7 + 3 =

2 Welche Zahl fehlt?

7 + ☐ = 10	☐ + 4 = 10
8 + ☐ = 10	☐ + 3 = 10
9 + ☐ = 10	☐ + 2 = 10
10 + ☐ = 10	☐ + 1 = 10

3 Welche Zahl fehlt?

3 + 4 + ☐ = 10

7 + 1 + ☐ = 10

5 + 4 + ☐ = 10

1 + 3 + ☐ = 10

8 + 1 + ☐ = 10

4 Ergänze.

1 + 1 + ☐ = 10

2 + 2 + ☐ = 10

3 + 3 + ☐ = 10

4 + 4 + ☐ = 10

Kombinationen finden

1 Male die Türme verschieden an. Wähle Gelb, Blau und Rot.

1 **Jeder Turm soll anders aussehen.
Male die drei Steine bei jedem Turm verschieden an.
Wähle Gelb, Blau und Rot.**

Wie viele unterschiedliche Türme kannst du malen?

Ich kann ____ unterschiedliche Türme malen.

1 **Jeder Turm soll anders aussehen.**
Male die vier Steine in unterschiedlichen Farben an.
Wähle Gelb, Rot, Blau und Grün.

Wie viele unterschiedliche Möglichkeiten hast du gefunden?

Ich habe ____ unterschiedliche Möglichkeiten gefunden.

1 Zeichne das Baumdiagramm weiter.

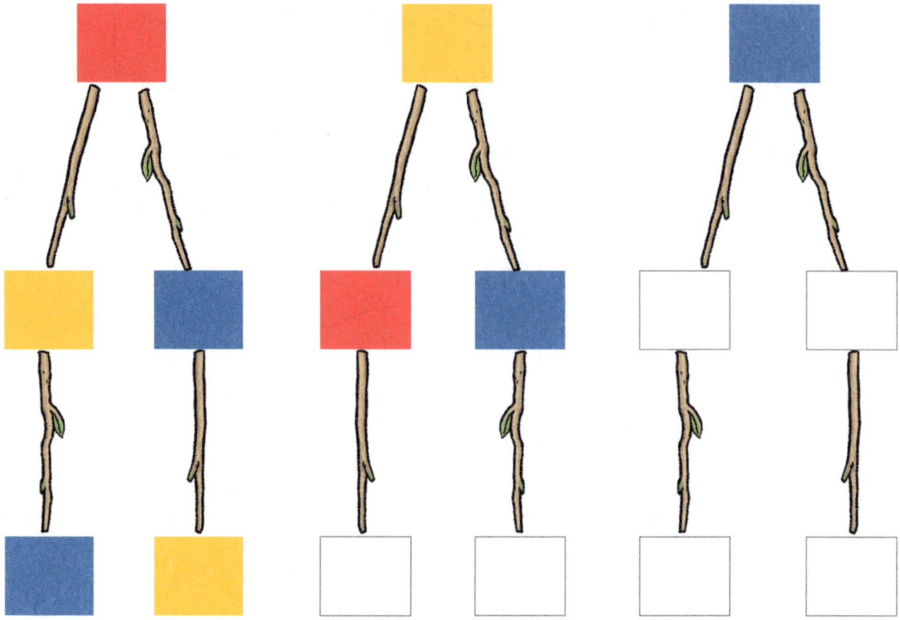

Wie viele unterschiedliche Möglichkeiten gibt es?

Es gibt ___ Kombinationsmöglichkeiten.

2 **Male das Bild an. Wähle Rot, Gelb, Blau und Grün. Nachbarfelder dürfen nicht in der gleichen Farbe angemalt werden.**

Rechnen mit Zahlen bis 20

1 **Wie viele Kinder sind es?**
Bündele immer 5. Zähle dann.

Es sind ____ Kinder.

2 **Kreise immer zuerst 10 ein. Wie viele sind es?**
Schreibe in die Stellentafel.

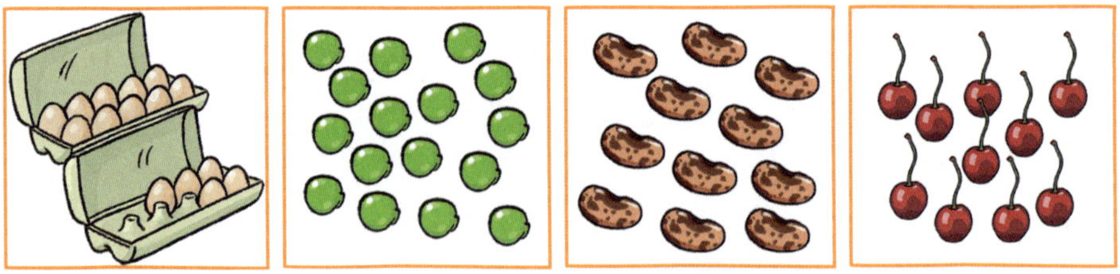

Z	E	Z	E	Z	E	Z	E

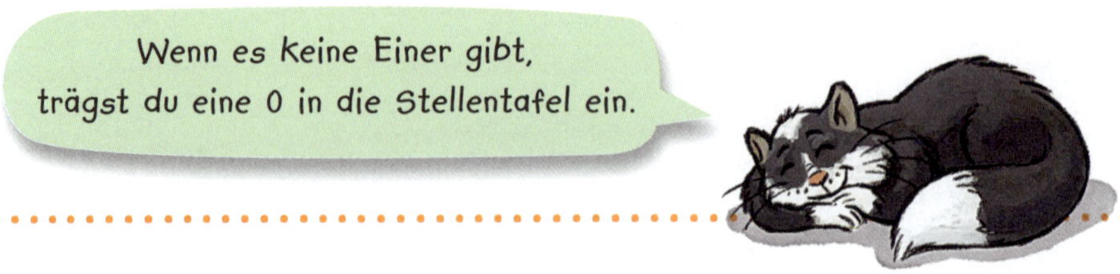

3 **Wie viele Punkte sind es?**
Schreibe zu jedem Bild die passende Zahl auf.

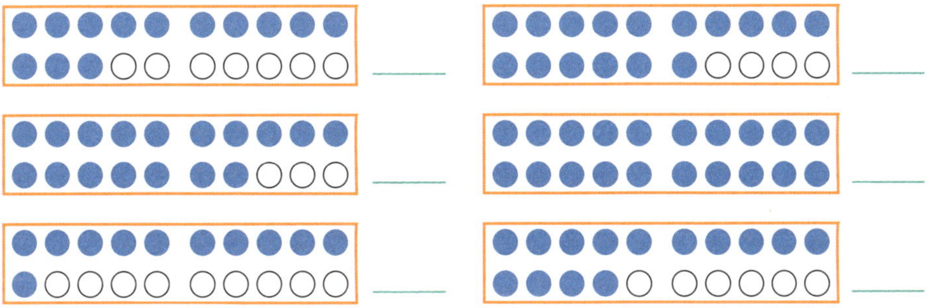

4 **Setze die Zahlenfolgen fort.**

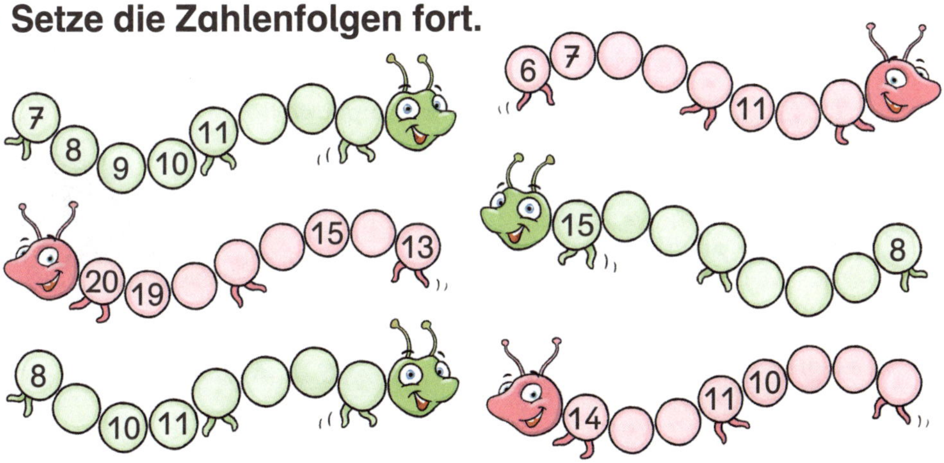

5 **Wie heißen die Nachbarzahlen? Schreibe auf.**

3	4			10		12			19	
	9			13		15			15	

1 Ergänze zur 10.

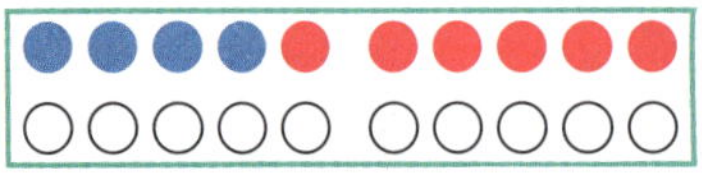

4 + ___ = 10

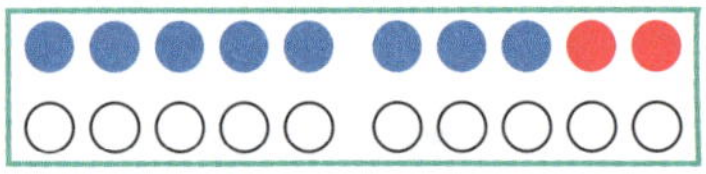

___ + ___ = 10

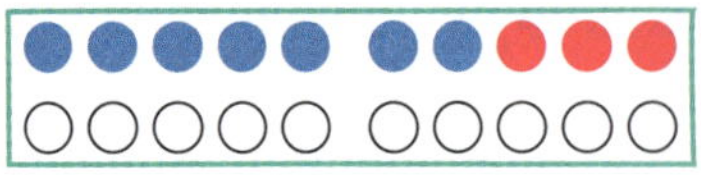

___ + ___ = 10

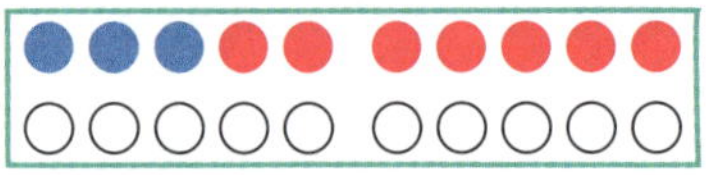

___ + ___ = 10

1 + ___ = 10

5 + ___ = 10

6 + ___ = 10

2 + ___ = 10

Wenn du zuerst bis zur 10 auffüllst oder abziehst, kannst du die Aufgabe leichter lösen.

2 Rechne zurück bis zur 10.

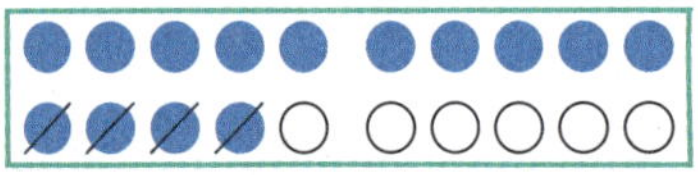

14 – 4 = 10

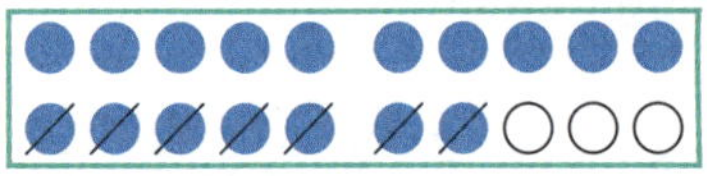

17 – ___ = 10

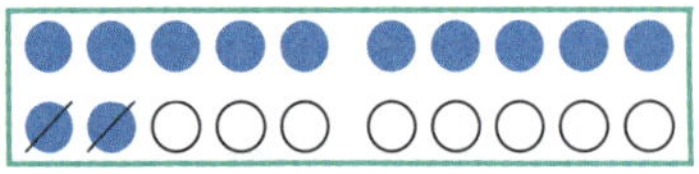

12 – ___ = 10

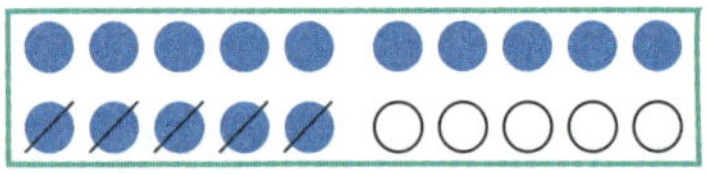

15 – ___ = 10

16 – ___ = 10

18 – ___ = 10

19 – ___ = 10

13 – ___ = 10

3 Rechne bis zur 10 und dann weiter.

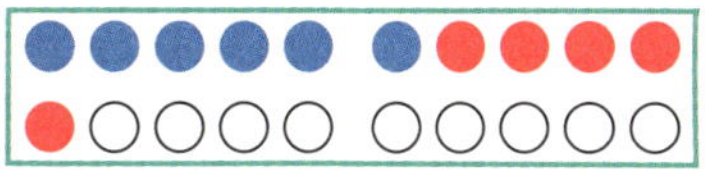

6 + 5 = ___

6 + 4 + 1 = ___

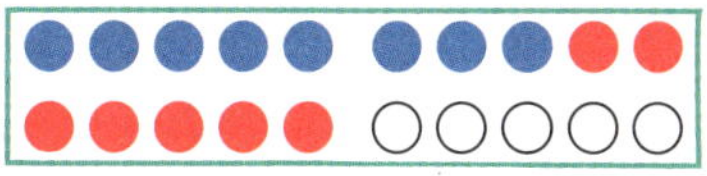

8 + 7 = ___

___ + ___ + ___ = ___

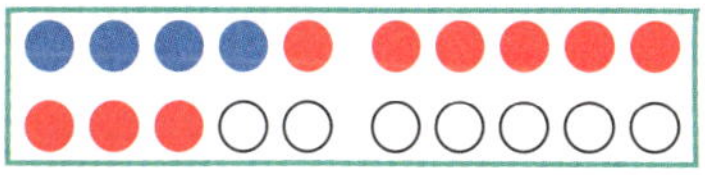

4 + 9 = ___

___ + ___ + ___ = ___

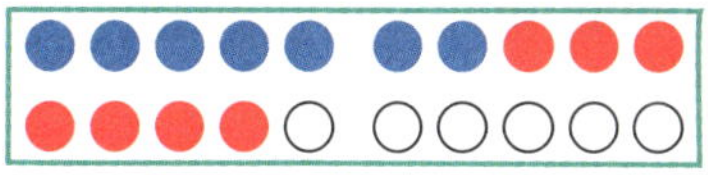

7 + 7 = ___

___ + ___ + ___ = ___

4 Rechne zurück bis zur 10 und dann weiter.

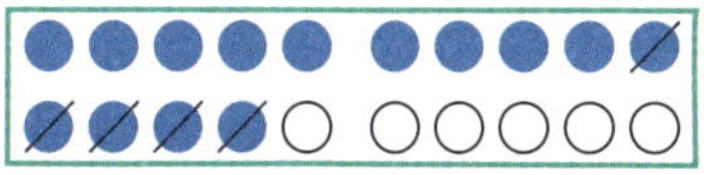

14 – 5 = 9

14 – 4 – 1 = 9

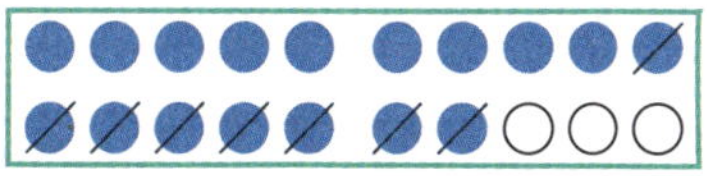

17 – 8 = ___

___ – ___ – ___ = ___

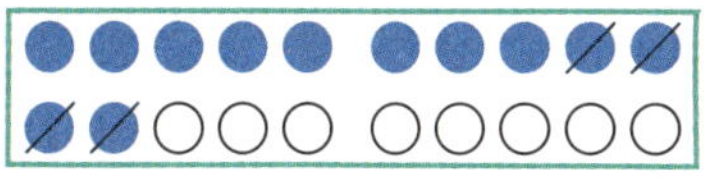

12 – 4 = ___

___ – ___ – ___ = ___

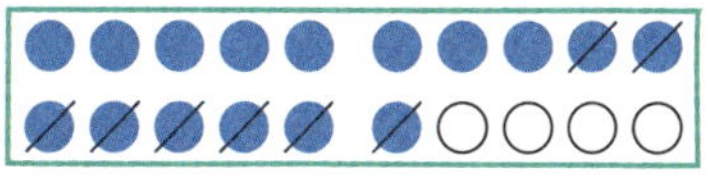

16 – 8 = ___

___ – ___ – ___ = ___

5 Finde die Tauschaufgaben wie im Beispiel.

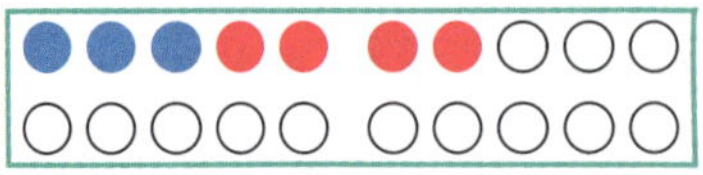

3 + 4 = 7

4 + 3 = 7

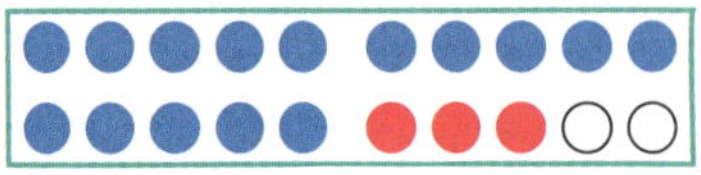

15 + 3 = 18

___ + ___ = 18

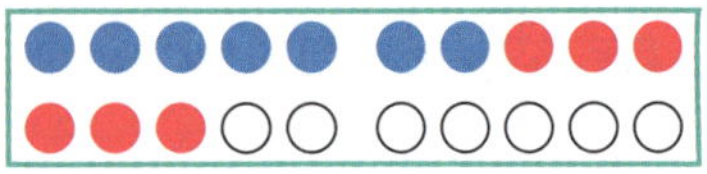

7 + 6 = 13

___ + ___ = ___

8 + 12 = ___ ___ + ___ = ___	14 + 2 = ___ ___ + ___ = ___	3 + 9 = ___ ___ + ___ = ___
5 + 12 = ___ ___ + ___ = ___	11 + 2 = ___ ___ + ___ = ___	6 + 3 = ___ ___ + ___ = ___
10 + 4 = ___ ___ + ___ = ___	13 + 2 = ___ ___ + ___ = ___	9 + 5 = ___ ___ + ___ = ___

6 Finde die Umkehraufgabe wie im Beispiel.

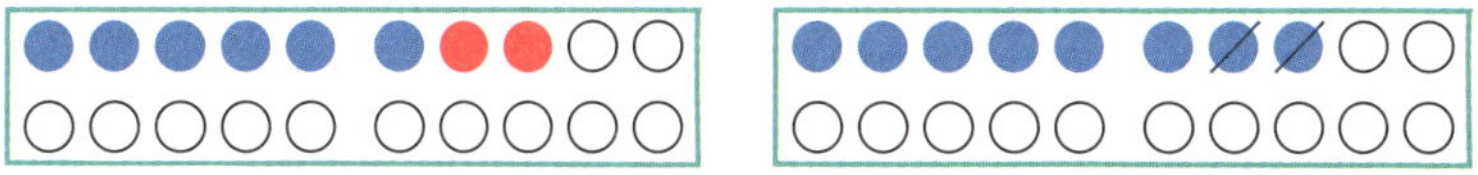

6 + 2 = 8

8 − 2 = 6

Bei einer Umkehraufgabe machst du aus einer Plusaufgabe eine Minusaufgabe.

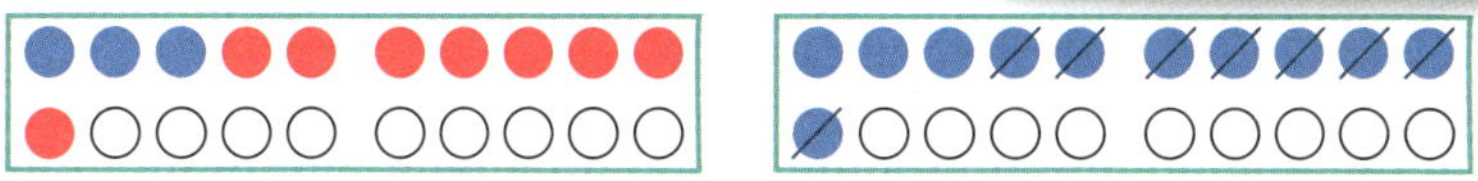

3 + 8 = ___

___ − ___ = ___

10 + 6 = ___	2 + 8 = ___	6 + 6 = ___
___ − ___ = ___	___ − ___ = ___	___ − ___ = ___

7 Finde die Umkehraufgabe wie im Beispiel.

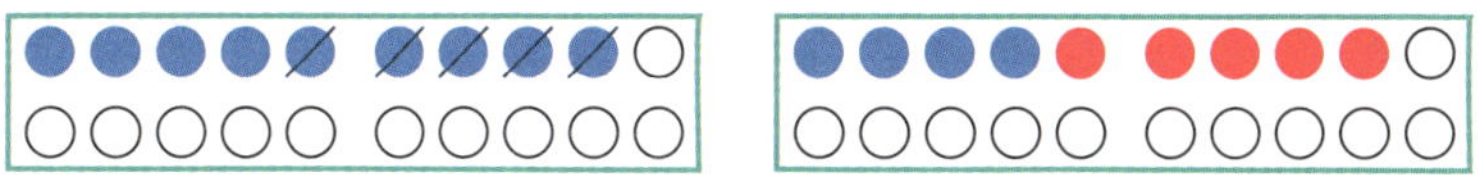

9 − 5 = 4

4 + 5 = 9

Auch aus einer Minusaufgabe kannst du eine Umkehraufgabe machen.

12 − 6 = ___	20 − 7 = ___	13 − 5 = ___
___ + ___ = ___	___ + ___ = ___	___ + ___ = ___

1 **Rechne immer zuerst zur 10, dann weiter. Schreibe die Aufgabe auf.**

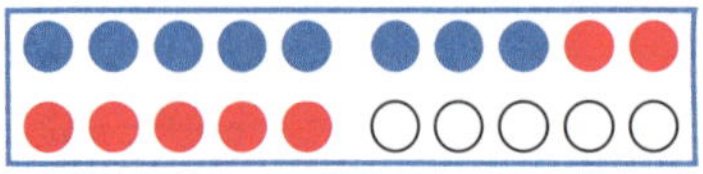

8 + 7 = 15

8 + 2 + 5 = 15

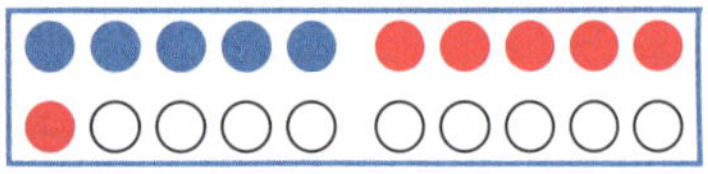

___ + ___ = ___

___ + ___ + ___ = ___

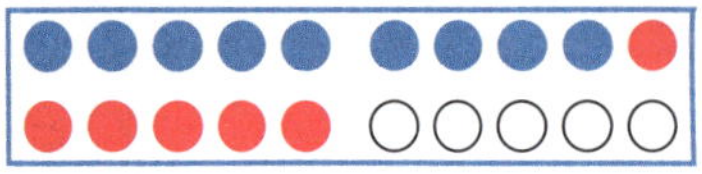

___ + ___ = ___

___ + ___ + ___ = ___

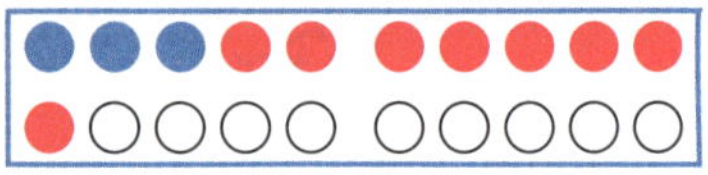

___ + ___ = ___

___ + ___ + ___ = ___

2 **Male und rechne.**

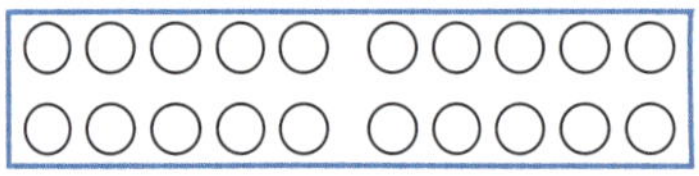

6 + 8 = ___

___ + ___ + ___ = ___

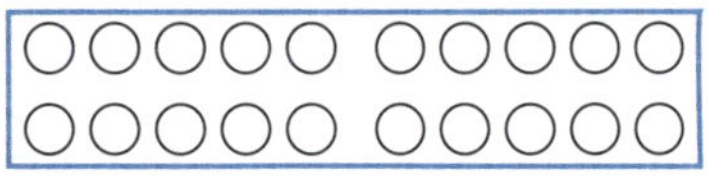

8 + 5 = ___

___ + ___ + ___ = ___

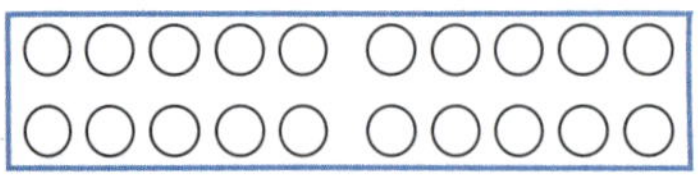

5 + 9 = ___

___ + ___ + ___ = ___

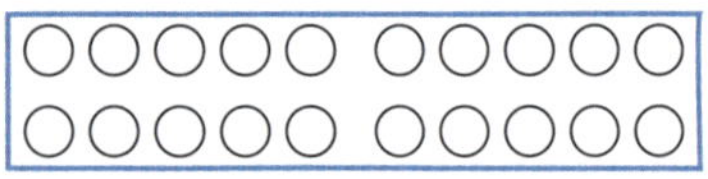

7 + 5 = ___

___ + ___ + ___ = ___

3 Finde Tauschaufgaben und Umkehraufgaben.

14 + 2 = 16
2 + 14 = ___
16 − 14 = ___
16 − ___ = ___

___ + ___ = ___
___ + ___ = ___
___ − ___ = ___
___ − ___ = ___

___ + ___ = ___
___ + ___ = ___
___ − ___ = ___
___ − ___ = ___

___ + ___ = ___
___ + ___ = ___
___ − ___ = ___
___ − ___ = ___

___ + ___ = ___
___ + ___ = ___
___ − ___ = ___
___ − ___ = ___

___ + ___ = ___
___ + ___ = ___
___ − ___ = ___
___ − ___ = ___

4 **Finde die Umkehraufgaben.**

					Z	E
	3	+	8	=	1	1
1	1	−	8	=		3

5 **Rechne zuerst zur 10. Schreibe deine Rechnung auf.**

7 + 6 = ___

☐ + ☐ + ☐ = ☐

8 + 4 = ___

☐ + ☐ + ☐ = ☐

1 **Finde Rechenaufgaben, die 13 ergeben. Schreibe sie auf.**

2 **Rechne.**

7	3	5

4	4	4

2	6	5

Geschickt plus und minus rechnen

1 **Finde Rechenaufgaben.**

4 9 5

	4	+		5	=		9
	5	+			=		
		−			=		
		−			=		

11 7 4

8 1 7

5 13 8

2 **Finde Rechenaufgaben.**

10 4 6

	4	+		6	=	1	0
	6	+			=		
1	0	–			=		
1	0	–			=		

13 11 2

5 1 6

2 9 7

1 Finde Rechenaufgaben. Verdopple.

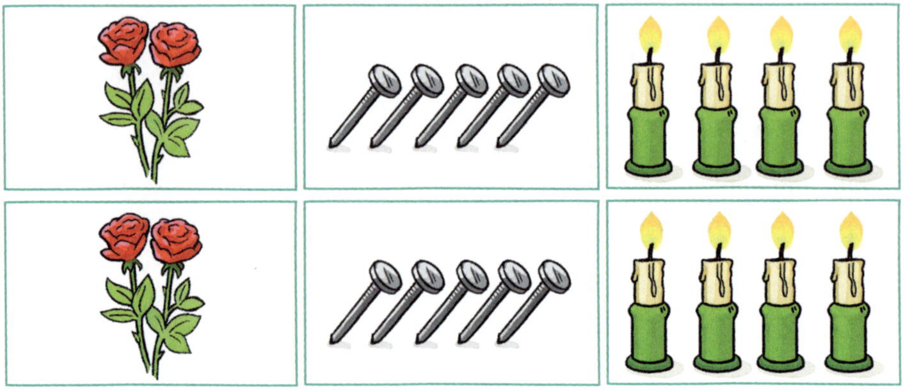

2 + 2 = ___   ___ + ___ = ___   ___ + ___ = ___

2 Halbiere. Finde Rechenaufgaben.

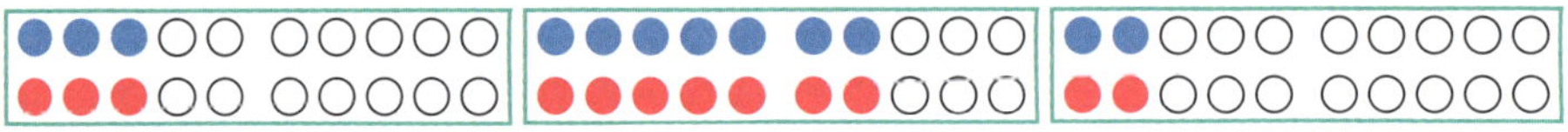

6 = 3 + 3   ___ = ___ + ___   ___ = ___ + ___

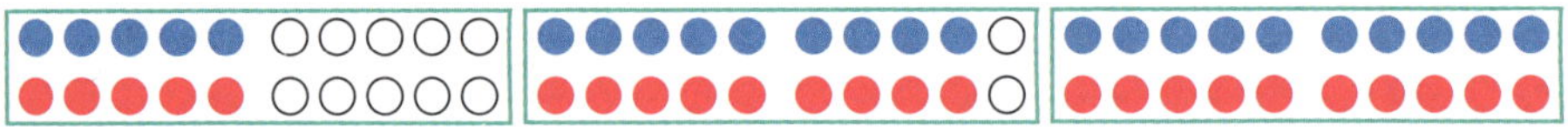

___ = ___ + ___   ___ = ___ + ___   ___ = ___ + ___

3 Male an und halbiere.

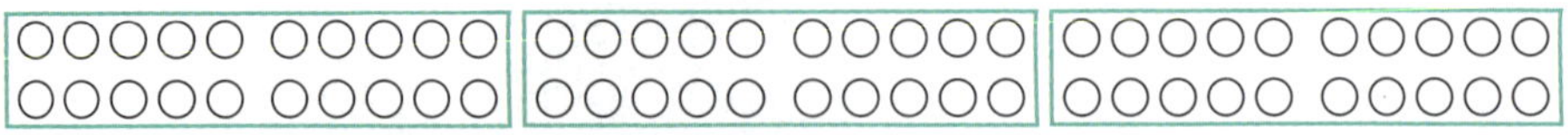

8 = ___ + ___   16 = ___ + ___   12 = ___ + ___

4 Welche Aufgaben passen zusammen? Rechne und verbinde.

6 + 2 = ___	4 − 3 = ___
14 − 3 = ___	16 + 2 = ___
7 − 4 = ___	17 − 4 = ___
5 + 2 = ___	15 + 2 = ___

5 Rechne die verwandten Aufgaben.

9 − 7 = ___	19 − 7 = ___
3 + 5 = ___	13 + 5 = ___
5 + 4 = ___	15 + 4 = ___
8 − 6 = ___	18 − 6 = ___

6 Finde die Nachbaraufgaben. Rechne.

Jede Aufgabe hat vier Nachbaraufgaben. Sie können dir manchmal helfen, schnell zu rechnen.

	5 + 5 = 10	
4 + 6 = 10	5 + 6 = 11	6 + 6 = 12
	5 + 7 = 12	

6 + 5 =	7 + 5 =	8 + 5 =
	7 + 6 =	

	3 + 3 =	
2 + 4 =	3 + 4 =	

	8 + 2 =	

Maya: Emilias: Ardian: Sude:

1 Wie haben die Kinder gerechnet? Verbinde.

zuerst bis zur 10	Maya
Tauschaufgabe	Emilias
verwandte Aufgabe	Ardian
Nachbaraufgabe	Sude

2 Rechne.

3 + 3 = ___	5 + 1 = ___	8 + 5 = ___
3 + 4 = ___	5 + 2 = ___	8 + 6 = ___
3 + 5 = ___	5 + 3 = ___	8 + 7 = ___

Geschickt plus und minus rechnen

Maya: Ardian: Sude:

3 Wie haben die Kinder gerechnet? Verbinde.

zuerst bis zur 10	Maya
halbieren	Ardian
verwandte Aufgabe	Sude

4 Rechne.

19 – 3 = ___	14 – 6 = ___	12 – 4 = ___
19 – 4 = ___	14 – 7 = ___	12 – 5 = ___
19 – 5 = ___	14 – 8 = ___	12 – 6 = ___

5 **Frieda hat sich Aufgaben ausgedacht. Rechne.**

	4	+	4	=		
	7	+	7	=		
	2	+	2	=		
	6	+	6	=		

	6	+	5	=		
	6	+	6	=		
	6	+	7	=		
	6	+	8	=		

1	4	–	3	=		
	4	–	3	=		
1	8	–	6	=		
	8	–	6	=		
1	7	–	6	=		
	7	–	6	=		

1	5	+	1	=		
	5	+	1	=		
1	4	+	5	=		
	4	+	5	=		
1	3	+	6	=		
	3	+	6	=		

6 **Was für Aufgaben hat Frieda aufgeschrieben?**
Schreibe die passende Ziffer unter die Aufgaben.

1 verwandte Aufgaben

2 Nachbaraufgaben

3 Verdopplungsaufgaben

4 verwandte Aufgaben

7 **Rechne die Aufgaben aus. Welcher Rechentrick ist es? Verbinde.**

verwandte Aufgabe
verdoppeln
Umkehraufgabe
halbieren
Nachbaraufgabe
zuerst bis zur 10

19 – 7 = ___ 9 – 7 = ___
12 – 9 = ___ 12 – 2 – 7 = ___
8 + 8 = ___ 4 + 4 = ___
15 + 5 = ___ 5 + 15 = ___
9 + 5 = ___ 10 + 5 = ___
___ = 9 + 9 ___ = 7 + 7

8 **Rechne.**

___ + 5 = 10	17 – 6 = ___	20 = 10 + ___
___ + 9 = 18	7 – 6 = ___	12 = 6 + ___

1 Setze die passenden Zahlen ein. Rechne.

5 4 3 1

___ + ___ = 7

___ + ___ = 9

___ + ___ = 4

___ + ___ = ___

___ + ___ = 6

___ + ___ = ___

2 Wie geht es weiter? Rechne.

4 + 5 = ___

5 + 6 = ___

6 + 7 = ___

7 + ___ = ___

___ + ___ = ___

15 – 2 = ___

15 – 4 = ___

15 – 6 = ___

15 – ___ = ___

___ – ___ = ___

Rechnen mit Geld

1 **Spure das Euro-Zeichen mehrmals nach. Wähle 5 verschiedene Farben.**

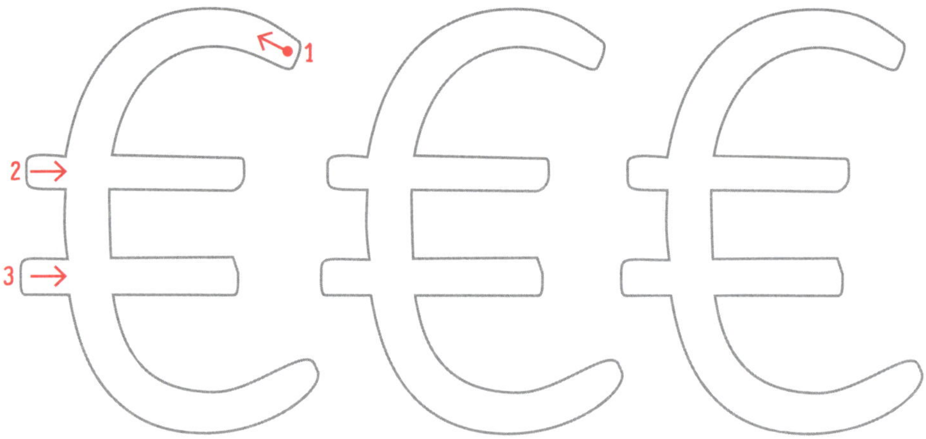

2 **Schreibe das Euro-Zeichen.**

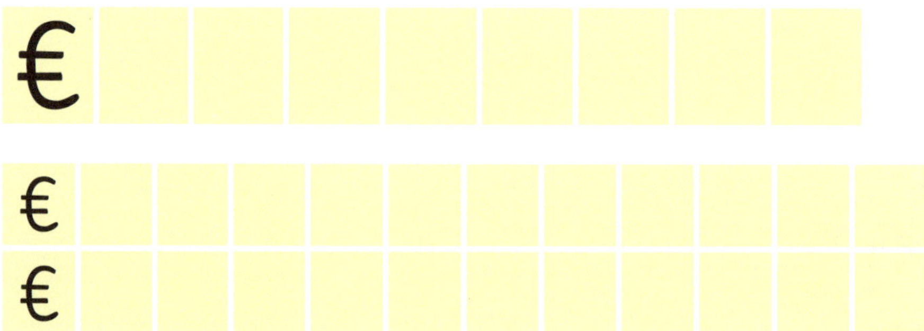

3 Wie viel Geld ist es? Schreibe auf.

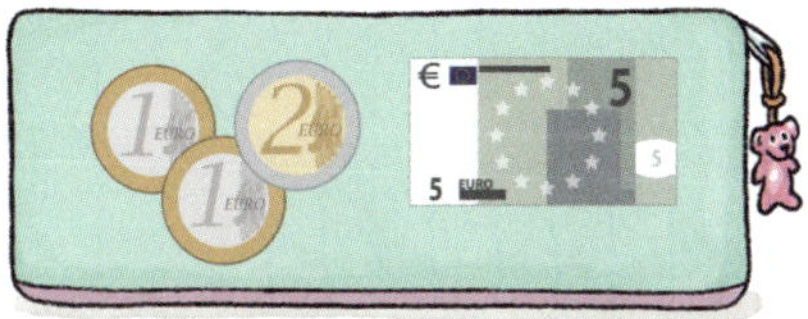

______ €

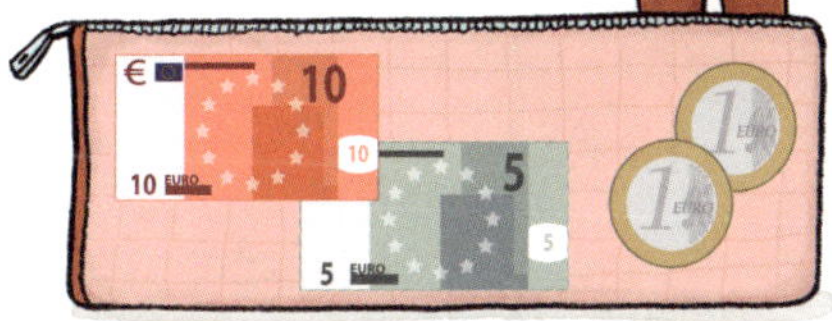

______

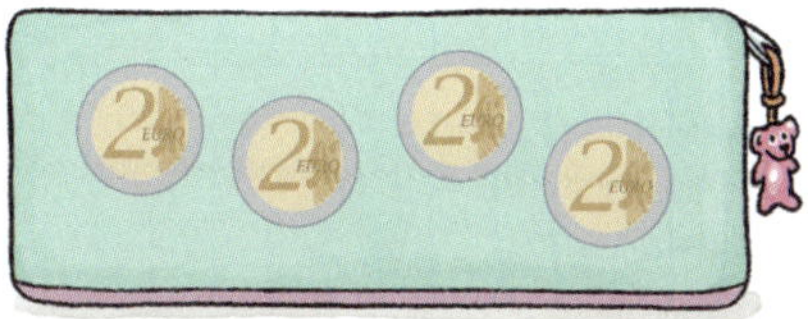

______

______

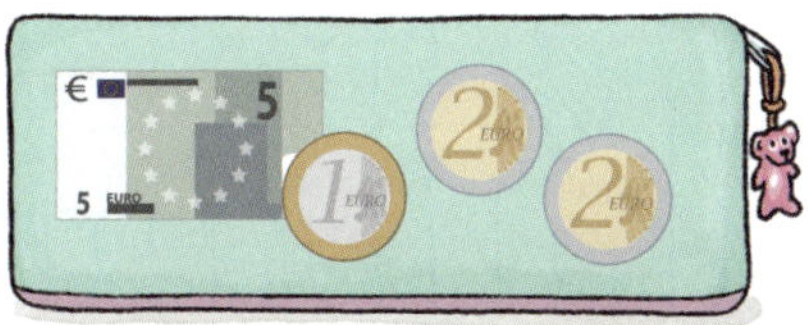

______

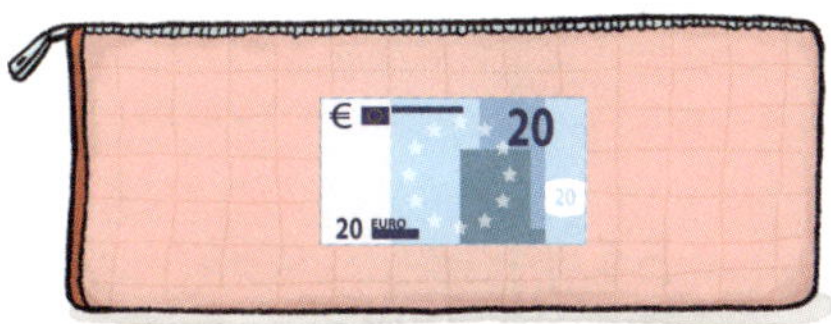

______

______

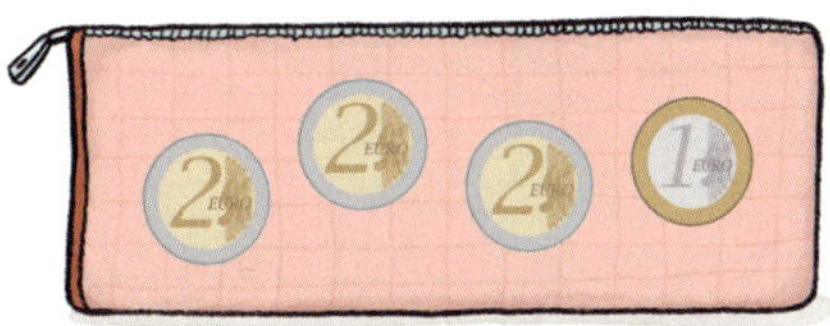

______

Denke immer daran, das Euro-Zeichen hinter den Geldbetrag zu schreiben.

1 Male passende Münzen und Scheine.

7€	5€ 1€ 1€
10€	
11€	
4€	
8€	
3€	
5€	
2€	

2 In welcher Spardose ist mehr drin?

 > 

9 € | €

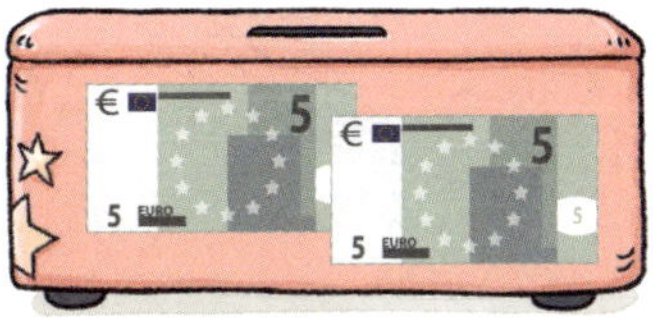 

€ | €

 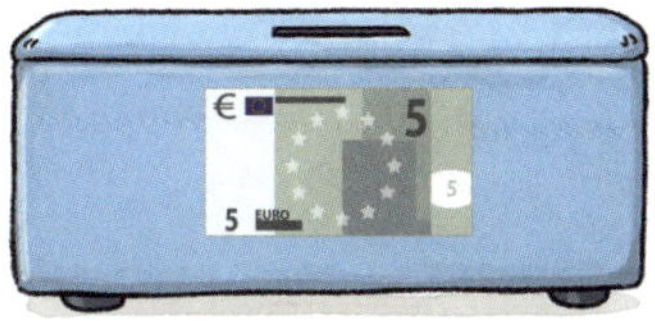

€ | €

 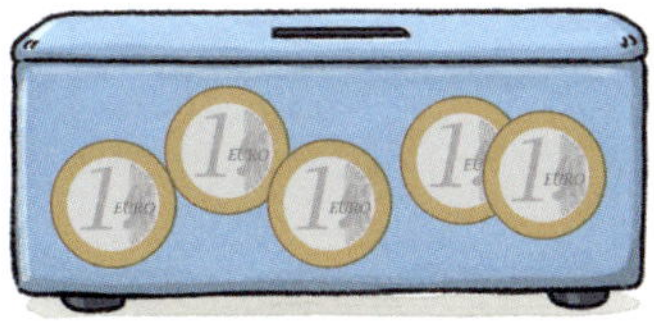

€ | €

 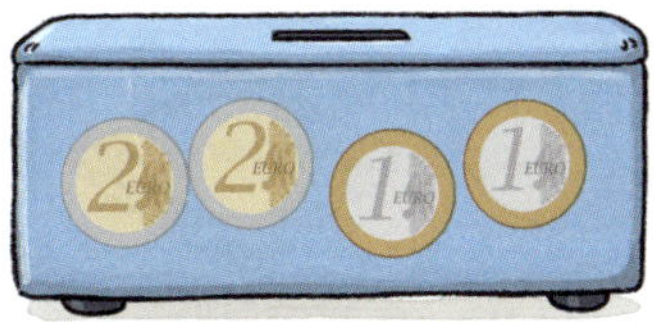

€ | €

1 Wie viel kostet es?

____ € ____ € ____ €

2 Wie viel kostet es zusammen?

___ € + ___ € = ___ € ___ € + ___ € = ___ €

3 **Du hast 10 €. Welche Spielsachen aus dem Bild kaufst du dafür? Male und rechne.**

4 **Frieda möchte alle Spielsachen kaufen. Wie viel kostet es? Kannst du ihr helfen? Rechne.**

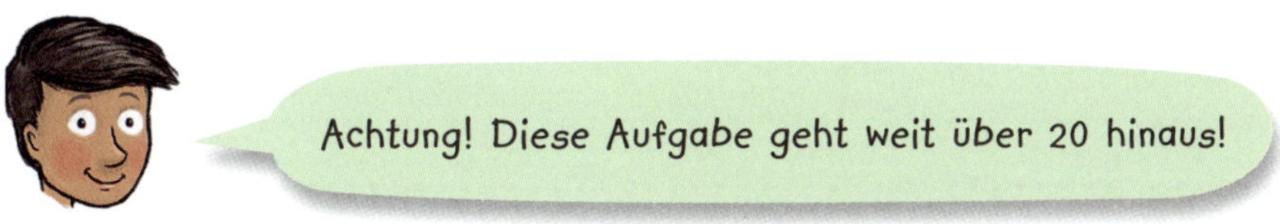

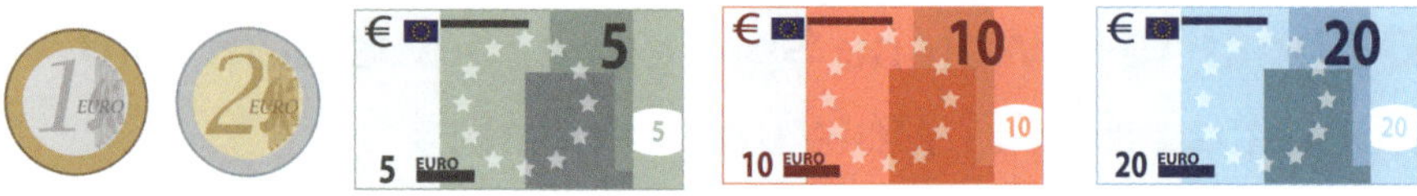

5 **Wie kannst du bezahlen? Male passende Münzen und Scheine.**

5€ 2€

oder

6 Male die Beträge mit möglichst wenigen Münzen und Scheinen.

12 €	
5 €	
14 €	
19 €	
8 €	
15 €	
3 €	
7 €	

1 **Welche Münzen fehlen? Male.**

= 16 ct

= 9 ct

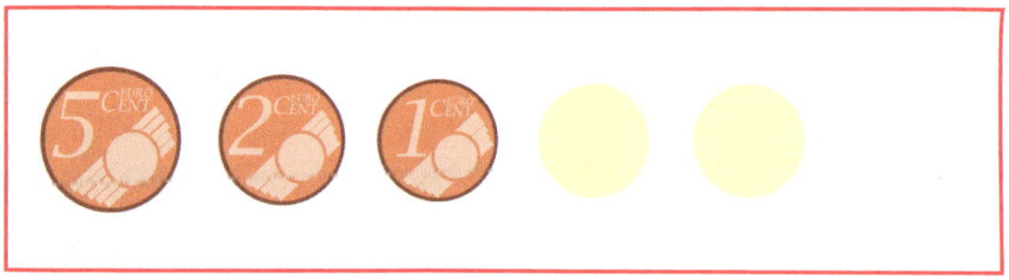

= 18 ct

= 7 ct

= 18 ct

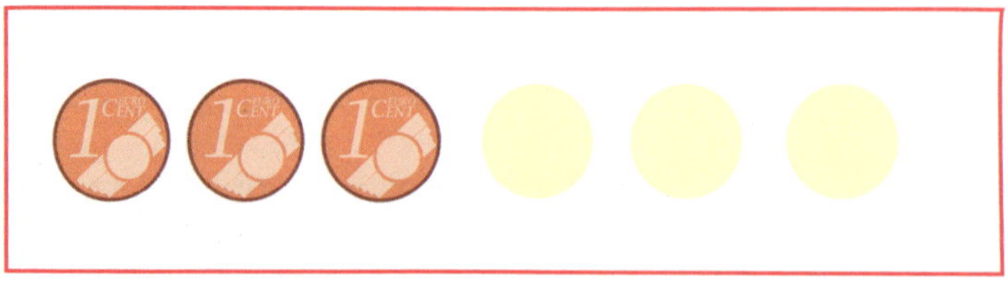

= 6 ct